"助力乡村振兴，引领质量兴农"系列丛书

小麦粉及面条质量追溯

实用技术手册

中国农垦经济发展中心　组编

秦福增　韩学军　主编

U0644555

中国农业出版社

农村读物出版社

北　京

丛书编委会名单

本书编写人员名单

主　　编：秦福增　韩学军

副 主 编：王国红　罗小玲

编写人员（按姓氏笔画排序）：

王天硕　刘　阳　刘长勇　刘海霞

许冠堂　李先义　张　明　罗瑞峰

唐宗贵　郝家勇　陈　杨　陈　曙

康立超

　　中共十九大作出中国特色社会主义进入新时代的科学论断，我国社会主要矛盾已经转化为人民日益增长的美好生活需要和不平衡不充分的发展之间的矛盾，我国经济已由高速增长阶段转向高质量发展阶段。以习近平同志为核心的党中央深刻把握新时代我国经济社会发展的历史性变化，明确提出实施乡村振兴战略，深化农业供给侧结构性改革，走质量兴农之路。只有坚持质量第一、效益优先，推进农业由增产导向转向提质导向，才能不断适应高质量发展的要求，提高农业综合效益和竞争力，实现我国由农业大国向农业强国转变。

　　21世纪初，我国开始了对农产品质量安全追溯方式的探索和研究。近十年来，在国家的大力支持和各级部门的推动下，农产品质量安全追溯制度建设取得显著成效，成为近年来保障我国农产品质量安全的一种有效的监管手段。产业发展，标准先行。标准是产业高质量发展的助推器，是产业创新发展的孵化器。《农产品质量安全追溯操作规程》系列标准的发布实施，构建了一套从生产、加工到流通全过程质量安全信息的跟踪管理模式，探索出一条"生产有记录、流向可追踪、信息可查询、质量可追溯"的现代农业发展之路。为推动农业生产经营主体标准化生产，促进农业提质增效和农民增收，加快生产方式转变发挥了积极作用。

　　"助力乡村振兴，引领质量兴农"系列丛书是对《农产品质量安全追溯操作规程》系列标准的进一步梳理和解读，是贯彻落实乡村振兴战略、切实发挥农垦在质量兴农中的带动引领作用的基本举措，也是贯彻落实农业农村部质量兴农、绿色兴农和品牌强农要求的重要抓手。本系列丛书由中国农垦经济发展中心和中国农业出版社联合推出，对谷物、畜肉、水果、茶叶、蔬菜、小麦粉及面条、水产品等大宗农产品相关农业生产经营主体农产品质量追溯系统建立，以及追溯信息采集及管理等进行全面解读，并辅以追溯相关基础知识和实际操作技术，必将对宣贯农产品质量安全追溯标准、促进农业生产经营主体标准化生产、提高我国农产品质量安全水平发挥积极的推动作用。

本书秉持严谨的科学态度，在遵循《中华人民共和国农产品质量安全法》《中华人民共和国食品安全法》等国家法律法规以及现有相关国家标准的基础上，立足保安全、提质量的要求，着力推动农产品质量安全追溯向前发展。本书共分为两章：第一章为农产品质量安全追溯概述，主要介绍了农产品质量安全追溯的定义，国内外农产品质量安全追溯发展情况，以及农产品质量安全追溯的实施原则、实施要求等；第二章为 NY/T 1994—2011《农产品质量安全追溯操作规程 小麦粉及面条》的解读，并在内容解读的基础上提供了一些实际操作指导和实例分析，以期对小麦粉及面条生产经营主体的生产和管理具有指导意义。

限于编者的学识水平，加之时间匆忙，书中不足之处在所难免，恳请各位同行和读者在使用过程中予以指正并提出宝贵意见和建议。

编 者

2021 年 8 月

第一章

农产品质量安全追溯概述

随着工业化以及现代物流业的发展，越来越多的农产品是通过漫长而复杂的供应链到达消费者手中。由于农产品的生产、加工和流通往往涉及位于不同地点和拥有不同技术的生产经营主体，消费者通常很难了解农产品生产、加工和流通的全过程。在农产品对人们健康所造成风险逐渐增加的趋势下，消费者已经逐渐觉醒，希望能够通过一定途径了解农产品生产、加工与流通的全过程，希望加强问题农产品的回收和原因查询等风险管理措施。如何满足消费者最关切的品质、安全卫生以及营养健康等需求，建立和提升消费者对农产品质量安全的信任，对于政府、生产经营主体和社会来说，都显示出日益重要的意义。自20世纪80年代末以来，全球农产品相关产业和许多国家的政府越来越重视沿着供应链进行追溯的可能性。建立农产品质量安全追溯制度，实现农产品的可追溯性，现在已经成为研究制定农产品质量安全政策的关键因素之一。

第一节　农产品质量安全追溯简介

一、农产品质量安全追溯的定义

从20世纪80年代末发展至今，农产品质量安全追溯制度在规范生产经营主体生产过程、保障农产品质量安全等方面的作用越来越明显。虽然农产品质量安全追溯制度得到了世界各国的认可与肯定，但至今尚未形成统一的概念。为提高消费者对农产品质量安全追溯的认识，进一步促进农产品质量安全追溯发展，需对农产品质量安全追溯这一术语进行界定。

"可追溯性"是农产品质量安全追溯的基础性要求，在对农产品质量安全追溯进行定义之前，应先厘清"可追溯性"这一基础概念。目前，"可追溯性"定义主要有欧盟、国际食品法典委员会（CAC）和日本农林水产省的定义。

欧盟将"可追溯性"定义为"食品、饲料、畜产品和饲料原料，在生

1

产、加工、流通的所有阶段具有的跟踪追寻其痕迹的能力"。CAC 将"可追溯性"定义为"能够追溯食品在生产、加工和流通过程中任何指定阶段的能力"。日本农林水产省的《食品追踪系统指导手册》将"可追溯性"定义为"能够追踪食品由生产、处理、加工、流通及贩售的整个过程的相关信息"。

根据我国《新华字典》解释，追溯的含义是"逆流而上，向江河发源处走，比喻探索事物的由来"，顾名思义，农产品质量安全追溯就是对农产品质量安全信息的回溯。本书编者在修订 NY/T 1761—2009《农产品质量安全追溯操作规程　通则》过程中，结合当前我国农产品质量安全追溯工作特点以及欧盟、CAC 及日本农林水产省等对"可追溯性"的定义，将农产品质量安全追溯定义为"运用传统纸质记录或现代信息技术手段对农产品生产、加工、流通过程中的质量安全信息进行跟踪管理，对问题农产品回溯责任，界定范围"。

二、国外农产品质量安全追溯的发展

农产品质量安全追溯是欧盟为应对肆虐十年之久的疯牛病建立起来的一种农产品可追溯制度。随着经济的发展和人们生活水平的提高，人民群众对于安全农产品的呼声越来越高、诉求越来越强烈，且购买安全农产品的意愿越来越强。在全球化和市场化的背景下，农产品生产经营分工越来越细，从"农田到餐桌"的链条越来越长，建立追溯制度、保障食品安全不仅是政府的责任、从业者的义务，更是一种产业发展的趋势与要求。从国外农产品质量安全追溯建设情况来看，追溯体系建设主要通过法规法令制定、标准制定和系统开发应用 3 个层面进行推进。

（一）国外法规法令制定情况

欧盟、日本、美国等国家和地区通过制定相应法规法令明确规定了生产经营主体在追溯制度建设方面应尽的义务和责任。

1. 欧盟法规法令制定情况

欧盟为应对疯牛病问题，于 1997 年开始逐步建立农产品可追溯制度。按照欧盟有关食品法规的规定，食品、饲料、供食品制造用的家禽，以及与食品、饲料制造相关的物品，其在生产、加工、流通的各个阶段必须确立这种可追踪系统。该系统对各个阶段的主题作了规定，以保证可以确认以上的各种提供物的来源与方向。可追踪系统能够从生产到销售的各个环节追踪检查产品。2000 年，欧盟颁布的《食品安全白皮书》首次把"从田间到餐桌"的全过程管理纳入食品安全体系，明确所有相关生产经营者的责任，并引入危害分析与关键控制点（HACCP）体系，要求农产品生产、加工和销售等所有环节应具有可追溯性。2002年，欧盟颁布的有关食品法规则进一步升级，不仅要求明确相关生产经营者的责任，还规定农产品生产经营主体生产、加工和流通全过程的原辅料及质量相关材料应具有可追溯性，以保证农产品质量安全。同时，该法规规定自2005年1月1日起，在欧盟范围内流通的全部肉类食品均应具有可追溯性，否则不允许进入欧盟市场流通。该法规的实施对农产品生产、流通过程中各关键环节的信息加以有效管理，并通过对这种信息的监控管理来实现预警和追溯，预防和减少问题的出现，一旦出现问题即可迅速追溯至源头。

2. 日本法规法令制定情况

日本紧随欧盟的步伐，于2001年开始实行并推广追溯系统。2003年5月，日本颁布了《食品安全基本法》。该法作为日本确保食品安全的基本法律，树立了全程确保食品安全的理念，提出了综合推进确保食品安全的政策、制定食品供应链各阶段的适当措施、预防食品对国民健康造成不良影响等指导食品安全管理的新方针。在《食品安全基本法》的众议院内阁委员会的附带决议中，提出了根据食品生产、流通的实际情况，从技术、经济角度开展调查研究，推进能够追溯食品生产、流通过程的可追溯制度。2003年6月，日本出台了《关于牛的个体识别信息传递的特别措施法》（又称《牛肉可追溯法》），要求对日本国内饲养的牛安装耳标，使牛的个体识别号码能够在生产、流通、零售各个阶段正确传递，以此保证牛肉的安全和信息透明。2009年，日本又颁布了《关于米谷等交易信息的记录及产地信息传递的法律》（又称《大米可追溯法》），对大米及其加工品实施可追溯制度。

3. 美国法规法令制定情况

2001年"9·11"事件后，美国将农产品质量安全的重视程度上升至国家层面，当年发布的《公共健康安全与生物恐怖应对法》要求输送进入美国境内的生鲜农产品必须具有详尽的生产、加工全过程信息，且必须能在4小时内进行溯源。2004年5月，美国食品和药物管理局（FDA）公布《食品安全跟踪条例》，以制度的形式要求本国所有食品企业和在美国从事食品生产、包装、运输及进口的外国企业建立并保存食品生产、流通的全过程记录，以便实现对其生产食品的安全性进行跟踪与追溯。2009年，为进一步加强质量安全管理，美国国会通过了《食品安全加强法案》，要求一旦农产品、食品出现质量问题，从业者需要在两个工作日内提供完整的原料谱系，对可追溯管理提出了更加明确的要求。

（二）国外技术标准制定情况

在颁布法规法令强制推行农产品质量安全追溯制度的同时，为有效指导追溯体系建设，一些国家政府、国际组织先后制定了多项农产品追溯规范（指南），在实践中发挥了积极作用。

2003 年 4 月 25 日，日本农林水产省发布了《食品可追溯制度指南》，该指南成为指导各企业建立食品可追溯制度的主要参考。2010 年，日本农林水产省对《食品可追溯制度指南》进行修订，采用 CAC 的定义，即"可追溯"被定义为"通过登记的识别码，对商品或行为的历史和使用或位置予以追溯的能力"，进一步明确追溯制度原则性要求。美国、法国、英国、加拿大等国政府参照国际标准，结合本国实际情况，制定了相应技术规范或指南。

国际食品法典委员会（CAC）、国际物品编码协会（GS1）、国际标准化组织（ISO）等有关国际机构利用专业优势、资源优势，积极参与农产品追溯体系技术规范制定，为推动全球农产品质量安全追溯管理发挥了重要作用。CAC 权威解释了可追溯性的基本概念和基本要求；国际物品编码协会（GS1）利用掌控全球贸易项目编码的优势，先后制定了《全球追溯标准》《生鲜产品追溯指南》及牛肉、蔬菜、鱼和水果追溯指南等多项操作指南，其追溯理念、编码规则被欧盟、日本、澳大利亚等多个国家和地区参照使用；2007 年，ISO 制定了 ISO 22005《饲料和食品链的可追溯性　体系设计与实施的通用原则和基本要求》，提出了食品/饲料供应链追溯系统设计的通用原则和基本需求，通过管理体系认证落实到从业者具体活动中。

（三）国外追溯系统开发应用情况

随着信息化的发展，追溯体系必须依靠信息技术承担追溯信息的记录、传递、标识。从欧盟、美国、日本追溯体系具体建设看，农产品追溯系统的开发建设采用政府参与以及与企业自建相结合的模式推进追溯系统应用。法国在牛肉追溯体系建设中，政府负责分配动物个体编码、发放身份证、建立全国肉牛数据库，使法国政府能够精准掌握全国肉牛总量、品种、分布，时间差仅为一周；而肉牛的生产履历由农场主、屠宰厂、流通商按照统一要求自行记录。日本在牛肉制品追溯体系建设中，政府明确动物个体身份编码规则；农林水产省各个下级机构安排专人负责登记；国会拨付资金给相关协会、研究机构，承担全国性信息网络建设、牛肉甄别样品邮寄储存；饲养户、屠宰企业、专卖店自行承担追溯系统建设中信息采集、标签标识等方面的系统建设和标签标识支出，政府不予以补贴。

三、我国农产品质量安全追溯的发展

为提高我国农产品市场竞争力，扩大农产品贸易顺差，满足消费者对农产品质量的要求，我国于 2002 年开始实施"无公害食品行动计划"。该计划要求"通过健全体系，完善制度，对农产品质量安全实施全过程的监管，有效改善和提高我国农产品质量安全水平"。在一定意义上来说，"无公害食品行动计划"的实施拉开了我国农产品质量安全追溯研究的序幕。经过多年的探索与发展，已基本建立符合我国生产实际的追溯体系以及保障实施的法律法规、规章及标准，为我国农产品发展方向由增产向提质转变夯实基础。

（一）我国法律法规制定情况

2006 年，中央 1 号文件首次提出要建立和完善动物标识及疫病可追溯体系，建立农产品质量可追溯制度，其后每年中央 1 号文件均反复强调要建立完善农产品质量追溯制度。2006 年 11 月 1 日，《中华人民共和国农产品质量安全法》（以下简称《农产品质量安全法》）正式颁布施行。在农业生产档案记录方面，该法第二十四条明确规定："农产品生产企业和农民专业合作经济组织应当建立农产品生产记录，如实记载下列事项：（一）使用农业投入品的名称、来源、用法、用量和使用、停用的日期；（二）动物疫病、植物病虫草害的发生和防治情况；（三）收获、屠宰或者捕捞的日期。农产品生产记录应当保存二年。禁止伪造农产品生产记录。国家鼓励其他农产品生产者建立农产品生产记录。"在农产品包装标识方面，该法第二十八条明确要求："农产品生产企业、农民专业合作经济组织以及从事农产品收购的单位或者个人销售的农产品，按照规定应当包装或者附加标识的，须经包装或者附加标识后方可销售。包装物或者标识上应当按照规定标明产品的品名、产地、生产者、生产日期、保质期、产品质量等级等内容；使用添加剂的，还应当按照规定标明添加剂的名称。"2009 年 6 月 1 日，《中华人民共和国食品安全法》（以下简称《食品安全法》）正式施行。该法明确要求国家建立食品召回制度。食品生产企业应当建立食品原料、食品添加剂、食品相关产品进货查验记录制度和食品出厂检验记录制度；食品经营企业应当建立食品进货查验记录制度，如实记录食品的名称、规格、数量、生产批号、保质期、供货者名称及联系方式、进货日期等内容。2015 年 4 月 24 日修订的《食品安全法》明确规定，"食品生产经营者应当依照本法的规定，建立食品安全追溯体系，保证食品可追溯"，我国农产品质量安全追溯上升至国家法律层面。

（二）我国相关部门文件及标准等制定情况

1. 我国相关部门文件制定情况

为配合农产品质量安全追溯相关法律法规的实施，加快推进追溯系统建设，规范追溯系统运行，我国各政府部门制定了农产品监管及质量安全追溯相关的文件。

2001 年 7 月，上海市政府颁布了《上海市食用农产品安全监管暂行办法》，提出了在流通环节建立"市场档案可溯源制"。2002 年，农业部发布第 13 号令《动物免疫标识管理办法》，该办法明确规定猪、牛、羊必须佩带免疫耳标并建立免疫档案管理制度。2003 年，国家质量监督检验检疫总局启动"中国条码推进工程"，并结合我国实际，相继出版了《牛肉产品跟踪与追溯指南》《水果、蔬菜跟踪与追溯指南》，国内部分蔬菜、牛肉产品开始拥有"身份证"。2004 年 5 月，国家质量监督检验检疫总局出台《出境水产品追溯规程（试行）》，要求出口水产品及其原料需按照规定标识。2011 年，商务部发布《关于"十二五"期间加快肉类蔬菜流通追溯体系建设的指导意见》（商秩发〔2011〕376号），意见要求健全肉类蔬菜流通追溯技术标准，加快建设完善的肉类蔬菜流通追溯体系。2012 年，农业部发布《关于进一步加强农产品质量安全监管工作的意见》（农质发〔2012〕3 号），提出"加快制定农产品质量安全可追溯相关规范，统一农产品产地质量安全合格证明和追溯模式，探索开展农产品质量安全产地追溯管理试点"。为进一步加快建设重要产品信息化追溯体系，2017 年，商务部联合工业和信息化部、农业部等 7 部门联合发布《关于推进重要产品信息化追溯体系建设的指导意见》（商秩发〔2017〕53 号），意见要求以信息化追溯和互通共享为方向，加强统筹规划，健全标准体系，建设覆盖全国、统一开放、先进适用的重要产品追溯体系。2018 年，为落实《国务院办公厅关于加快推进重要产品追溯系统建设的意见》（国办发〔2015〕95 号），农业农村部和商务部分别印发了《农业农村部关于全面推广应用国家农产品质量安全追溯管理信息平台的通知》（农质发〔2018〕9 号）和《重要产品追溯管理平台建设指南（试行）》，旨在促进各追溯平台间互通互联，避免生产经营主体重复建设追溯平台。

2. 我国标准制定情况

为规范追溯信息采集内容，指导生产经营主体建立完善的追溯体系，保障追溯体系有效实施和管理，各行政管理部门以及相关企（事）业单位制定了系列标准。从标准内容来看，主要涉及体系管理、操作规程（规范、指南）等方面。

（1）体系管理类标准 2006 年参照 ISO 22000：2005，我国制定了 GB/T 22000—2006《食品安全管理体系 食品链中各类组织的要求》。2009 年参照 ISO 22005：2007，我国制定了 GB/T 22005—2009《饲料和食品链的可追溯性体系设计与实施的通用原则和基本要求》，追溯标准初步与国际接轨。2010 年，我国制定了 GB/Z 25008—2010《饲料和食品链的可追溯性 体系设计与实施指南》。此外，以 GB/T 22005—2009 和 GB/Z 25008—2010 为基础，国家质量监督检验检疫总局制定并发布了部分产品的追溯要求，如 GB/T 29373—2012《农产品追溯要求 果蔬》、GB/T 29568—2013《农产品追溯要求 水产品》、GB/T 33915—2017《农产品追溯要求 茶叶》。

（2）操作规程（规范、指南）类标准 2009 年，农业部发布了 NY/T 1761—2009《农产品质量安全追溯操作规程 通则》，并制定了谷物、水果、茶叶、畜肉、蔬菜、小麦粉及面条和水产品 7 项农产品质量安全操作规程的农业行业标准。此外，农业部还制定了养殖水产品可追溯标签、编码、信息采集等水产行业标准。商务部制定了肉类蔬菜追溯城市管理平台技术、批发自助交易终端、手持读写终端规范以及瓶装酒追溯与防伪查询服务、读写器技术、标签要求等国内贸易规范。中国科技产业化促进会发布了畜类和禽类产品追溯体系应用指南团体标准。

（3）其他标准 例如，为促进各追溯系统间数据互联共享，农业部制定了 NY/T 2531—2013《农产品质量追溯信息交换接口规范》；为规范农产品追溯编码、促进国际贸易，农业部制定了 NY/T 1431—2007《农产品追溯编码导则》等。

（三）我国农产品质量安全追溯系统开发应用情况

2008 年之前，我国农产品质量安全追溯系统还基本处于空白状态，可追溯管理要求主要通过完善生产档案记录来实现。2008 年之后，随着各级政府部门的大力推动，追溯管理理念逐步得到从业者认可，开发设计了形式多样、各具特点的追溯系统，追溯制度建设呈现出快速发展趋势。我国政府牵头组织运行的追溯平台包括中国产品质量电子监管网、国家发改委重点食品物联网追溯系统、国家食品安全追溯平台、商务部肉菜流通及中药材追溯系统、农产品质量追溯系统、农垦农产品质量安全追溯系统、工信部食品工业企业质量安全追溯平台等，支持网站、短信、电话、二维码、商超内部电子机器等多种形式查询。

我国的食品质量安全追溯试点工作从 2000 年开始实践，其中肉类蔬菜农产品的质量安全最先成为试点追溯对象。财政部、商务部于 2010 年确定了上海等 10 个城市为第一批试点城市，2011 年确定了第二批 10 个试点城市。上海于 2001 年率先提出了建立在食品流通环节"市场档案可溯源制"食品质量安全追溯体系，并于 2013 年底最终建成，是我国落实和推行追溯制度较早的城市之一。北京市于 2003 年开始着力构建现代化保障体系，涵盖 45 类食品之多，设定质量安全目标并实施专项整治；2008 年，以保障奥运食品药品安全为契机进行进一步强化；2017 年，提出"技术创新计划"。青岛市作为首批试点城市之一，创新性推出"一六三"追溯体系，统一信息追溯平台，实施远程监控和质量检验等措施保障食品质量，并分不同流通领域进行管理。此外，江苏省、四川省、福建省、湖南省等地相继推出本地追溯体系。

四、实施农产品质量安全追溯的意义

实施农产品质量安全追溯，对于农产品质量监测、认证体系建设、贸易促进等方面具有积极的推动作用，具体表现在以下 5 个方面：

1. 有利于提高企业竞争力，保护生产经营主体的合法权益和积极性

在市场经济的框架下，部分企业为追求不正当利益，食品掺杂使假情况层出不穷；许多企业用心生产的合格产品被其他商家仿冒，企业每年花费在品牌形象维权上的成本占比很大，不仅造成了企业资源的浪费，还极大地挫伤了企业研发优质产品的积极性。通过建立农产品质量安全追溯系统，使得农产品生产到销售全过程透明面对社会，使得制假造假的商家无从下手，保障了生产经营主体的合法权益。

2. 有利于农产品质量问题原因的查找，降低生产经营主体损失

追溯体系可以起到对农产品安全"确责"与"召回"的作用，根据追溯信息，明确农产品安全责任的归属，确定负责人；明确不合格产品的批次，实现快速、准确召回。当农产品发生质量问题时，根据农产品生产、加工过程中原料来源、生产环境（包括水、土、大气）、生产过程（包括农事活动、加工工艺及其条件）以及包装、储存和运输等信息记录，从发现问题端向产业链源头回溯，逐一分析及排查，直至查明原因，有利于减

少农业生产经营主体的经济损失。

3. 有利于认证体系的建设和实施，提高企业质量管理水平

目前，我国认证体系主要有企业认证和产品认证两类。其中，企业认证主要是规范生产过程，包括 ISO 系列的 ISO 9000、ISO 14000 等，危害分析与关键控制点（HACCP）、良好生产规范（GMP）和良好农业规程（GAP）等；产品认证不仅对生产过程进行规范，还对产品标准具有一定要求，包括有机食品、绿色食品和地理标志产品等。农产品质量安全追溯体系是对生产环境、生产、加工和流通全过程质量安全信息的跟踪和管理，这些内容也正是企业认证和产品认证的基础条件，从而保障了生产经营主体认证体系的建设和实施。

4. 保障消费者（采购商）知情权，提升消费者的信心

农产品质量安全追溯信息覆盖整个产业链，所有质量信息均可通过一定渠道或媒介向消费者或采购商提供。消费者或采购商可通过知晓的全过程质量追溯信息，满足了消费者（采购商）的知情权，提高了消费者（采购商）的信心和购买意愿。

5. 有利于提升产品质量安全水平，增强竞争力

在农产品质量安全事件频发的今天，各国对于农产品质量的要求越来越高，对于农产品的准入也越来越严格。目前，欧盟、美国和日本均对进口农产品的可追溯性作出了一定要求。对于我国一个农产品生产大国来说，实施农产品质量安全追溯势在必行。产品生产各环节的重要信息可传递、可查询、可追责，强化各环节责任主体对于产品质量安全的责任意识，确保生产制造产品质量达标，切实提高中国农产品在国际市场的竞争力。

第二节　农产品质量安全追溯操作规程

在解读 NY/T 1994—2011《农产品质量安全追溯操作规程　小麦粉及面条》前，应首先明确何谓标准及其中的一个类型——操作规程。

一、标　　准

（一）标准的定义

标准是规范农业生产的重要依据，农业生产标准化已成为我国农业发展的重要目标之一。为保障农产品质量安全，我国不断加强法治建设，涉及农业生产的法律法规主要有《食品安全法》《农产品质量安全法》《农药管理条例》《兽药管理条例》等。

标准属于技术文件范畴，对法律、法规起到支撑作用。标准的定义是"为在一定范围内获得最佳秩序，经协商一致制定并由公认机构批准，共同使用的和重复使用的一种规范性文件"。只有对以上定义有充分认识，才能正确解读标准。现分别解释如下：

1. "为在一定范围内获得最佳秩序"

"为在一定范围内获得最佳秩序"是标准制修订的目的。"最佳秩序"是各行各业进行有序活动，获得最佳效果的必要条件。因此，标准化生产是农业生产的必然趋势。依据辩证唯物主义观点，"最佳秩序"是目标，是有时间性的。某个时期制定的标准达到那个时期的最佳秩序，但以后发生客观情况的变化或主观认知程度的提高，已制定的标准不能达到最佳秩序时，就应对该标准进行修订，以便达到最佳秩序。因此，在人类生产历史中，最佳秩序的内涵不断丰富，人类通过修订标准逐渐逼近最佳秩序。例如，NY/T 1994—2011 发布于 2011 年，该标准可规范小麦粉及面条生产的质量安全追溯，达到当时认知水平下的最佳秩序，并在发布后的若干年内，客观情况变化或主观认知水平上尚未认识到需要修订该标准。但随着社会的发展以及技术的更新，当标准中的某些内容不适用时，就需对该标准进行修订，以达到新形势下的最佳秩序。

2. "经协商一致制定"

"经协商一致制定"是标准制修订程序之一，是针对标准制修订单位的要求。标准和生产分别属于上层建筑和经济基础范畴，标准依据生产，又服务于生产。因此，制修订的标准既不可比当时生产水平低，拖生产后腿；又不可远超过当时生产水平，高不可及。标准制修订单位需要与生产部门、管理部门、科研和大专院校等广泛交流，标准各项内容应协商一致，以便确保标准的先进性和可操作性，使标准的实施对生产起到应有的促进作用。

3. "由公认机构批准"

"由公认机构批准"是标准制修订程序之一，公认机构是指标准化管理机构，如国家标准化管理委员会。就我国而言，政府主导制定的标准分为强制性国家标准、推荐性国家标准、推荐性行业标准、推荐性地方标准，均须经过国家标准化管理委员会批准、备案后方可实施。就国际上而言，这种公认机构除政府部门外，还有联合国下属机构，如国际标准化组织（ISO）、联合国食品法典委员会（CAC）等；或者国际行业协会，如国际乳品联合会（IDF）等。只有公认机构批准发布的标准才是有效的。

4. "共同使用的和重复使用的"

标准的使用者是标准适用范围内的合法单位。例如，所有我国合法生产、经营小麦粉及面条的企业均可使用 NY/T 1994—2011。该标准也适用于所有我国合法生产、经营小麦粉及面条的其他生产经营主体，如专业合作社等。该标准还可供小麦粉及面条的生产经营主体共同使用，且在修订或作废之前是被重复使用的。除小麦粉及面条生产经营主体外，协助、督导、监管小麦粉及面条生产经营主体质量安全追溯工作的单位，如农业农村部和各地方管理部门、有关质量安全追溯监管测机构也可应用该标准，帮助小麦粉及面条生产经营主体更好实施该标准。

5. "规范性文件"

"规范性文件"表明标准是用以详述法律和法规内容，具有法规性质，但它不是法规，而是属于法规范畴，是要求强制执行或推荐执行的规范性文件。

（二）标准的性质

就标准性质而言，标准分为强制性标准和推荐性标准，表示形式分别为标准代号中不带"/T"和带"/T"。例如，《农产品质量安全追溯操作规程 小麦粉及面条》是推荐性标准，其标准代号为 NY/T 1994—2011。推荐性标准是非强制执行的标准，但当没有其他标准可执行时，为达到该标准的目的，就必须按该标准执行。

（三）标准的分级

我国标准分为国家标准、行业标准、地方标准、团体标准和企业标准，由其名称可知其适用范围。级别最高的是国家标准，最低的是企业标准。同一标准若发布了国家标准，则比其级别低的其他标准自行作废。国家鼓励具有法人资格，且具备相应专业技术能力、标准化工作能力和组织管理能力的学会、协会、商会、联合会和产业技术联盟等社会团体制定团体标准，鼓励企业制定企业标准，但其内容要求应严于国家标准，且在团体和企业内部执行。

（四）标准的分类

从标准的应用角度，可将标准分为以下 6 种主要类型。

1. 限量标准

规定某类或某种物质在产品中限量使用的规范性文件，如 GB 2760—2014《食品安全国家标准 食品添加剂使用标准》。

2. 产品标准

规定某类或某种产品的属性、要求以及确认的规则和方法的规范性文件，如 NY/T 421—2012《绿色食品　小麦及小麦粉》。

3. 方法标准

规定某种检验的原理、步骤和结果要求的规范性文件，如 GB 5009.3—2016《食品安全国家标准　食品中水分的测定》。

4. 指南

规定某主题的一般性、原则性、方向性的信息、指导或建议的规范性文件，如 GB/T 14257—2009《商品条码　条码符号放置指南》。

5. 规范

规定产品、过程或服务需要满足的要求的规范性文件，如 NY/T 3522—2019《发芽糙米加工技术规范》。

6. 规程

规定为设备、构件或产品的设计、制造、安装、维护或使用而推荐惯例或程序的规范性文件，如 DB37/T 3854—2019《玉米黄曲霉毒素防控技术规程》。

二、操作规程

操作规程是标准中最普遍的一种，它规定了操作的程序。NY/T 1994—2011 规定小麦粉及面条生产经营主体实施质量安全追溯的程序及实施这些程序的方法，其以章的形式叙述以下 11 个方面内容。

（一）范围

范围包括两层含义：一是该标准包含的内容范围，即术语和定义、要求、编码、关键控制点、信息采集、信息管理、追溯标识、体系运行自查和质量安全问题处置；二是该标准规定的适用范围，即小麦粉及面条的质量安全追溯。

（二）规范性引用文件

列出的被引用文件经过标准条文的引用后，成为标准应用时必不可少的文件。文件清单中不注明日期的标准表示其最新版本（包括所有的修改单）适用于本标准。在 NY/T 1994—2011《农产品质量安全追溯操作规程　小麦粉及面条》中引用了 NY/T 1761《农产品质量安全追溯操作规程　通则》，这里没有发布年号，其含义是引用现行有效的最新版本标准。

（三）术语和定义

所用术语和定义与 NY/T 1761 相同。因此，不必在本标准中重复列出，只需引用 NY/T 1761 的术语和定义即可。而 NY/T 1761 的术语和定义共有 11 条，其中列出 8 条；引用 NY/T 1431 中 3 条术语和定义。

（四）要求

在规定小麦粉或面条生产经营主体实施质量安全追溯程序以及实施方法之前，应先明确实施的必备条件，只有具备条件后才能实施操作规程。这些条件主要包括追溯目标、机构或人员、设备、管理制度等内容。

（五）编码方法

编码方法是实施操作规程的具体程序和方法之一，此部分内容叙述整个产业链各个环节的编码方法。例如，种植类的农业生产经营主体，需从种植环节开始编码，而小麦粉及面条加工经营主体，则需包括加工生产环节的编码。

（六）关键控制点

关键控制点是实施操作规程的具体程序和方法之一，此部分内容包括设置原则及设置单元。

（七）信息采集

信息采集是实施操作规程的具体程序和方法之一，此部分内容叙述整个产业链中各个环节的信息采集要求和内容。

（八）信息管理

信息管理是实施操作规程的具体程序和方法之一，此部分内容叙述信息采集后的存储、传输和查询。

（九）追溯标识

追溯标识是实施操作规程后，在产品上体现追溯的表示方法。

（十）体系运行自查

体系运行自查是实施操作规程后，自行检查所用程序和方法是否达到预期效果；若须完善，则应采取改进措施。

（十一）质量安全问题处置

质量安全问题处置是实施操作规程后，一旦发生质量安全问题，应采取的处置方法，作为对实施操作规程的具体程序和方法的补充。

整个操作规程的内容除（一）外，（二）、（三）、（四）是必要条件，（五）、（六）、（七）、（八）是实施的程序和方法，（九）、（十）、（十一）是实施后的体现和检查处理；由此，组成一个完整的操作规程。

第三节　农产品质量安全追溯实施原则

农产品质量安全追溯的实施原则是指导农产品质量安全追溯操作规程制修订的前提思想，也是保证农产品质量安全追溯规范、顺利进行的根本。这些原则体现在该标准的制修订和执行之中。

一、合法性原则

进入 21 世纪以来，随农产品外部市场竞争的加剧及内部市场需求的增长，我国对农产品质量安全的重视程度上升到了一个新的高度，已经从法律、法规等层面作出相应要求。《食品安全法》《农产品质量安全法》《国务院办公厅关于加快推进重要产品追溯体系建设的意见》《农业部关于加快推进农产品质量安全追溯体系建设的意见》《商务部　工业和信息化部　公安部　农业部　质检总局　安全监管总局　食品药品监管总局关于推进重要产品信息化追溯体系建设的指导意见》《农业农村部关于全面推广应用国家农产品质量安全追溯管理信息平台的通知》《关于农产品质量安全追溯与农业农村重大创建认定、农产品优质品牌推选、农产品认证、农业展会等工作挂钩的意见》等法律、法规及相关部门文件都提出建立农产品质量安全追溯制度的要求。

农产品质量安全追溯的实施过程还应依据以下相关标准：

（一）条码编制

编制条码应依据 GB/T 12905—2019《条码术语》、GB/T 7027—2002《信息分类和编码的基本原则与方法》、GB 12904—2008《商品条码　零售商品编码与条码表示》、GB/T 16986—2018《商品条码　应用标识符》等标准。具体到农产品，编制条码时还应依据 NY/T 1431—2007 和 NY/T 1430—2007《农产品产地编码规则》等标准。

（二）二维码编制

编制二维码应依据 GB/T 33993—2017《商品二维码》。

二、完整性原则

该原则主要是追溯信息的完整性要求，体现在以下 2 个方面。

（一）过程完整性

追溯信息应覆盖小麦粉或面条生产、加工、流通全过程。追溯产品为小麦粉或面条时，包括小麦种植、田间管理、收购检验、小麦原料库存、加工生产、清理、制粉、配粉、产品检验、包装、储运、销售的信息。面条生产还应增加面条专用粉检验、面条制作和面条检验储存的信息。

（二）信息完整性

信息内容应包括所有涉及质量安全、责任主体、可追溯性 3 个方面的信息。

1. 各环节涉及的质量安全信息

追溯信息应覆盖生产、加工、流通全过程，同时还应与当前国家标准或行业标准相适应。

种植环节的追溯信息主要包括种植区域环境、农药和肥料等的信息。其中，种植区域环境条件包括灌溉用水、土壤、大气环境等，应记录取样地点、时间、检测机构和监测时间等信息；农药使用记录内容应依据中华人民共和国国务院令第 677 号《农药管理条例》和 GB/T 8321《农药合理使用准则》系列标准记录农药的通用名及商品名称、来源（包括供应商和生产厂商名称、生产许可证号或批准文号、登记证号、产品批号或生产日期）、主要防治对象、剂型及含量、稀释倍数、用药方法、使用量、安全间隔期等信息；肥料施用记录内容应依据《肥料合理使用准则》系列标准及相关部门的规章、公告等记录肥料的通用名及商品名称、来源（包括供应商和生产厂商名称、生产许可证号或批准文号、登记证号、产品批号或生产日期）、施用量、施肥地块、施肥时间等。

加工环节，应包括收购检测、仓储温（湿）度、加工（加工用水、投入品等）、产品检验、包装和销售等信息。

2. 涉及责任主体的信息

责任主体信息主要包括各环节操作时间、地点和责任人等。对于农药、肥料购买和使用应记录品名（通用名）、生产厂商、生产许可证号、登记证号、批次号（或生产日期）、农药安全间隔期、时间、使用地块、使用量和责任人等。对于加工环节，应记录加工时间、生产线名称、加工量、责任人等。

3. 可追溯性信息

可追溯性信息是上、下环节信息记录中有唯一性的对接内容，以保证实施可追溯。例如，农药购买记录和农药使用记录上均有农药名称、生产厂商、批次号（或生产日期）；或用代码衔接，以确保所用农药只能是某厂商生产的某批次农药。纸质记录的可追溯性保证了电子信息的可追溯性。

三、对应性原则

除记录信息的可追溯性外，还应在农产品质量安全追溯的实施过程中确保农产品质量安全追溯信息与产品的唯一对应。为此，应做到以下要求。

（一）各环节和单元进行代码化管理

各环节或单元的名称宜进行代码化管理，以便电子信息录入设备识别和信息传输。进行代码化管理时宜采用数字码，编制时应通盘考虑，既简单明了、容易识别，又不易混淆。

（二）纸质记录真实反映生产过程和产品性质

纸质记录内容仅反映生产过程和产品性质中与质量安全有关的内容，与此无关的农事活动和经营内容不应列入。

若小麦粉及面条生产经营主体的纸质记录除了质量安全追溯内容外，还有其他体系认证、产品认证或经营管理需记录，则不必制作多套表格，可以制作一套表格，在其栏目上标注不同符号，如星形符号（＊）、三角形符号（△）等，以表示以上不同类型用途的记录内容。纸质记录被录入追溯系统时，录入人员仅录入带有质量安全追溯符号的栏目内容即可。

（三）纸质记录和电子信息唯一对应

纸质记录与电子信息必须唯一性对应。要求电子信息录入人员收到纸质记录后需要做以下程序性工作：

1. 审核纸质记录的准确性、规范性

纸质记录是否有不准确之处，如农药未使用通用名、农药的使用量未使用法定计量单位标注、未明确安全间隔期等；纸质记录的填写是否有不规范之处，如有涂改、空项等，发现后录入人员不得自行修改，应退回有关部门或人员修改。缺项的由制表人员修改表格，如农药生产企业的生产许可证号或批准文号、登记证号、批次号（或生产日期）等。若表格的栏目齐全，填写有误，则退回给填写人员，让其修改或重新填写。

2. 纸质记录准确录入电子设备

完成纸质记录审核后，信息录入人员应将纸质信息准确无误地录入追溯系统。同时，应采取相关措施保障电子信息不篡改、不丢失。为此应采取以下措施：

（1）用于质量安全追溯的计算机等电子信息录入设备不允许兼用于其他经营管理。

（2）录入人员设有权限，设置有个人登录密码。

（3）计算机等电子信息录入设备有杀毒软件，以免受到攻击。

（4）有外接设备定期备份、专用备份，如硬盘、光盘。

3. 核实录入内容

纸质记录录入后，信息录入人员应对录入内容与纸质记录的一致性进行核实；若不一致，则进行修改。

四、高效性原则

随着信息化的发展，运用现代信息技术对农产品从生产到消费实行全程可追溯管理。这既是农业信息化发展的重要趋势，也是新时期加强农产品质量安全管理的必然要求。从信息化角度分析，建立农产品质量安全追溯制度的本质要求就是综合运用计算机技术、网络技术、通信技术、编码技术、数字标识技术、传感技术、地理信息技术等现代信息技术对农产品生产、流通、消费等各个环节实行标识管理，记录农产品质量安全相关信息、生产者信息，以此形成顺向可追、逆向可溯的精细化质量管控系统，建立高效、精确、快捷的农产品质量安全追溯体系，全面提升农产品质量安全管控能力。

第四节　农产品质量安全追溯实施要求

为加深农业生产经营主体对农产品质量安全追溯的认识与理解，保障追溯体系顺利建设与实施，切实发挥农产品质量安全追溯在保质量、促安全等方面的作用，农业生产经营主体建设追溯体系之前，应先做好以下 4个方面的准备工作。

一、制订农产品质量安全追溯实施计划

农业生产经营主体在建立追溯体系前应制订详尽的实施计划。实施计划主要包括以下内容：

（一）追溯产品

农业生产经营主体生产的全部产品都可实施农产品质量安全追溯时，则全部产品作为追溯产品。若有部分产品无法实施追溯，则不应将该部分产品列入追溯产品。例如，小麦粉或面条的生产企业的部分小麦粉或面条是委托本地或外地加工企业代工生产，且被委托的加工企业尚不具备可追溯条件，则尽管产品是同一品牌，也不能将被委托企业生产的产品列为追溯产品。

（二）追溯规模

估计追溯产品的年产量。确定追溯规模的依据是正常环境和经营条件下的生产能力，不考虑不可抗力的发生，如冰雹、虫害等。

（三）追溯精度

追溯精度应合理确定，不应过细或过粗。小麦粉和面条生产经营主体若能对种植、生产等进行统一管理和信息采集，则追溯精度可以细化到种植户或地块，但追溯精度太细会增加追溯信息采集的工作量。若生产经营主体的追溯精度过粗，也不合适。例如，生产经营主体不能对种植、生产等进行统一管理和信息采集，追溯精度不能到地块或种植户，而是设置为乡镇且不能再细分，则失去了追溯的意义。

（四）追溯深度

追溯深度依据追溯产品的销售情况进行确定。小麦粉和面条加工企业有直销店，则追溯深度为零售商；若无直销店，则追溯深度为批发商；若兼有直销店和批发商或无法界定销售对象的销售方式，则追溯深度可定为初级分销商。

（五）实施内容

实施内容的全面性是保障追溯工作有效完成的基础，应包括满足农产品质量安全追溯工作要求的所有内容，如制度建设、追溯设备的购置、追溯标签的制作与使用、追溯工作要求与信息系统操作的培训等。

（六）实施进度

实施进度的制订可以确保农业生产经营主体高效完成追溯体系建设，避免追溯体系建设进展缓慢等问题。制订实施进度时，应充分考虑自身发展情况，结合现有基础，列出所有实施内容的完成期限以及相关责任主体。

二、配置必要的计算机网络设备、标签打印设备、条码读写设备等硬件及相关软件

采用信息化管理的生产经营主体应配置数量合适的计算机等电子信息设备。追溯系统建设前，应先根据生产过程确定追溯精度，种植环节中，每个精度应有一个信息采集点。例如，追溯精度为种植户，则每个种植户为信息采集点；若种植户组（内含若干种植户）为追溯精度，则种植户组为信息采集点。加工环节中，每条生产线为一个信息采集点。另外，中间产品、终产品检验的实验室设立一个信息采集点，成品包装、储存、运输为一个信息采集点，销售为一个信息采集点。由信息采集点决定所用计算机等电子信息设备数量。若每个信息采集点各自采集或录入信息，则所用计算机等电子信息设备数量与信息采集点数量一致；若每个信息采集点采集或录入信息后统一录入，则仅需一套计算机等电子信息录入设备。

配置标签打印、条码读写等专用设备。专用设备配置数量由农业生产经营主体所需标签打印数量确定。如果产品采用工业化生产线进行生产，或者追溯产品包装不适合粘贴纸质标签，应配置喷码、激光打印等专用设备。

配置的软件系统应涵盖所有可能影响产品质量安全的环节，确保采集的信息覆盖生产、加工、流通全过程的各个信息采集点，且满足追溯精度和追溯深度的要求。

三、建立农产品质量安全追溯制度

农业生产经营主体应依据自身追溯工作特点和要求，制定产品质量安全追溯工作规范、信息采集和系统运行规范、质量安全问题处置规范（产品质量安全事件应急预案）等制度及与其配套的相关制度或文件（如产品质量控制方案），且应覆盖追溯体系建设、实施与管理的所有内容。

（一）产品质量安全追溯工作规范

产品质量安全追溯规范内容主要包括：一是制定目的、原则和适用范

围；二是开展追溯工作的组织机构、人员与职责，以及保障追溯工作持续稳定进行的措施；三是实施方案及工作计划的制订、实施；四是追溯系统建设与运行维护；五是相关人员培训计划、实施；六是质量安全追溯体系自查；七是产品质量安全事件的处置；八是追溯工作资金管理及绩效考核等。

（二）信息采集及系统运行规范

信息采集及系统运行规范内容主要包括：一是追溯码的组成、代码段的含义及长度；二是信息采集点的设置；三是纸质记录内容的设计、填写和上传；四是电子信息的录入、审核、传输、上报；五是电子设备的安全维护要求和记录；六是系统运行的维护和应急处置；七是追溯标签的管理。

（三）产品质量安全事件应急预案

产品质量安全事件应急预案内容主要包括：一是编制目的、原则和适用范围；二是应急体系的组织机构和职责；三是应急程序；四是后续处理；五是应急演练及总结。

（四）产品质量控制方案

产品质量控制方案内容主要包括：一是编制目的、依据、方法及适用范围；二是组织机构和职责；三是关键控制点的设置；四是质量控制目标（临界值）和检验方法的确定；五是控制措施、监测、纠偏、验证和记录等。

四、指定部门或人员负责各环节的组织、实施和监控

具备一定规模的生产经营主体宜成立相关机构（质量安全追溯领导小组）或指定专门人员负责组织、统筹、管理追溯工作，并将追溯工作的全部内容分解到各部门或人员，明确其职责，做到既不重复又不遗漏。一旦发生问题，可依据职责找到相关责任人，避免相互推诿，便于问题查找及工作改进。例如，生产记录表格的设计、制订、填写、录入或归档出现问题，可根据人员分工，跟踪到直接责任人，并进行工作改进。

第二章
《农产品质量安全追溯操作规程 小麦粉及面条》解读

第一节 范 围

【标准原文】

1 范围

本标准规定了小麦粉及面条质量安全追溯的术语和定义、要求、编码、关键控制点、信息采集、信息管理、追溯标识、体系运行自查和质量安全问题处置。

本标准适用于小麦粉及面条质量安全追溯体系的实施。

【内容解读】

1. 本标准规定内容

本标准规定的所有内容将在以下各节进行解读。

2. 本标准适用范围

本标准适用于小麦加工成面粉及面粉经初加工成面条（含挂面）的过程建立质量追溯系统的所有操作要求。

3. 本标准不适用范围

本标准不适用于小麦粉经精细加工或深加工成面粉产品的质量安全追溯操作规程，如烘焙、添加馅料制成包子、饺子、馅饼等产品。

第二节 术语和定义

【标准原文】

3 术语和定义

NY/T 1761 确立的术语和定义适用于本文件。

【内容解读】

1. NY/T 1761 确定的术语和定义

NY/T 1761 是农产品质量安全追溯操作的通用准则，内容包括术语和定义、实施原则与要求、体系实施、信息管理、体系运行自查和质量安全问题处置，对全国范围内农产品质量安全追溯体系的建设及有效运行起到了重要作用。NY/T 1761 是产品类标准制定的基础，为各产品类农产品质量安全追溯操作规程的制定起到了指导性作用。

本标准中直接或间接引用 NY/T 1761 的术语和定义有以下 8 条：

（1）农产品质量安全追溯（quality and safety traceability of agricultural products） 运用传统纸质记录或现代信息技术手段对农产品生产、加工、流通过程的质量安全信息进行跟踪管理，对问题农产品回溯责任，界定范围。

（2）追溯单元（traceability unit） 在农产品生产、加工、流通过程中不再细分的单个产品或批次产品。

（3）追溯信息（traceability information） 可追溯农产品生产、加工、流通各环节记录信息的总和。

（4）追溯精度（traceability precision） 可追溯农产品回溯到产业链源头的最小追溯单元。

（5）追溯深度（traceability depth） 可追溯农产品能够有效跟踪到的产业链的末端环节。

（6）组合码（combined code） 由一些相互依存并有层次关系的描述编码对象不同特性代码段组成的复合代码。

（7）层次码（layer code） 以编码对象集合中的层次分类为基础，将编码对象编码成连续且递增的代码。

（8）并置码（coordinate code） 由一些相互独立的描述编码对象不同特性代码段组成的复合代码。

2. NY/T 1431 确定的术语和定义

由于 NY/T 1761 中引用了 NY/T 1431—2007 的术语和定义，所以本标准还引用了其中的 3 条术语和定义：

（1）可追溯性（traceability） 从供应链的终端（产品使用者）到始端（产品生产者或原料供应商）识别产品或产品成分来源的能力，即通过记录或标识追溯农产品的历史、位置等的能力。

（2）农产品流通码（code on circulation of agricultural products） 农产品流通过程中承载追溯信息向下游传递的专用系列代码，所承载的信息是关于农产品生产和流通两个环节的。

（3）农产品追溯码（code on tracing of agricultural products） 农产品终端销售时承载追溯信息直接面对消费者的专用代码，是展现给消费者具有追溯功能的统一代码。

【实际操作】

1. 可追溯性

小麦粉及面条产品的可追溯性是指从供应链的终端（产品使用者）到始端（产品生产者或原料供应商）识别产品或产品成分来源的能力。小麦粉及面条产品供应链的终端包括批发商、零售商（如小麦粉及面条加工企业的直销店）和消费者（如机关、学校等）。始端（产品生产者或原料供应商）所指的产品生产者包括农业生产经营主体（种植户、种植户组）、加工企业等；原料供应商包括种子（或种苗）供应商、农药供应商、肥料供应商以及加工过程中使用的食品添加剂供应商。

识别产品或产品成分来源的能力是指通过质量安全追溯达到识别与质量安全有关的产品成分及其来源的能力，以下举例说明。

以农药残留（以下简称农残）为例，其来源可能是农药供应商添加了农药名称以外的农药，或供应的农药不纯，含有其他农药成分；也可能是农药使用者未按照国家标准规定使用（如农药的剂型、稀释倍数、使用量、使用方法等）、使用国家明令禁用农药或未按安全间隔期规定采收小麦；也可能是追溯产品的农药残留检验不规范。

以重金属污染为例，其主要原因是产地环境（土壤、大气、灌溉水）中的重金属被小麦吸收富集所致。

所有这些成分的来源分析是通过产业链各环节的信息记录或产品标识追溯到产业链内的工艺段，即通过质量安全信息从产业链终端向始端回溯，从而构成农产品的可追溯性。

2. 农产品流通码

农产品流通码的信息包括农产品生产和流通两个环节的信息，该信息是从始端环节向终端环节传递的顺序信息。

生产环节代码包括生产者代码、产品代码、产地代码和产出批次代码，农产品流通码对一个生产经营主体来说是唯一性的。生产经营主体编码时，可采用国际公认的 EAN·UCC 系统。其中，EAN 是联合国的编码系统（国际物品编码协会），UCC 是美国的编码系统（美国统一代码委员会），两者结合组成 EAN·UCC 系统。EAN·UCC 是国际通用编码系统，生产经营主体按此编码符合国际贸易要求，可在出口产品中采用该编码。

（1）EAN和UCC系统　EAN·UCC代码包括应用标识符、标识代码类型、代码段数、代码段内容以及代码段中数字位数等。常用的EAN·UCC系统主要有以下2种：

① EAN·UCC-13代码。EAN·UCC-13代码是标准版的商品条码，由13位数字组成，包括前缀码（由EAN分配给各国或地区的2～3位数字，在2002年前中国是3位数690～695）、厂商识别代码（由中国物品编码中心负责分配7～9位数字）、商品项目代码（由厂商负责编制3～5位数字）和校验码（1位数字）。

② EAN·UCC-8代码。EAN·UCC-8代码是缩短版的商品条码，由8位数字组成，包括商品项目识别代码（由中国物品编码中心负责分配7位数字）和校验码（1位数字）。

（2）我国国际贸易农产品流通码　农产品流通码示例见图2-1。

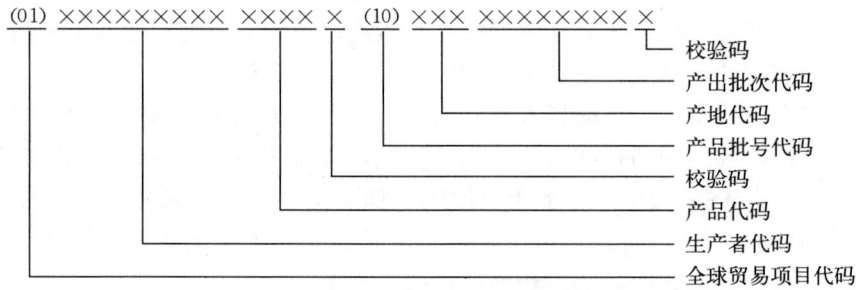

图2-1　农产品流通码示例

生产者代码和产品代码处于全球贸易项目代码的应用标识符AI（01）之中，该标识符可用于定量贸易项目，其第1个数字代码（即生产者代码的第1个数字代码为0～8）；也可用于变量贸易项目，其第1个数字代码（即生产者代码的第1个数字代码为9）。生产者代码有7～9位数字（可用0表示预留代码），产品代码有3～5位数字（可用0表示预留代码），2个代码结束处设校验码（1位数字）。

产地代码和产出批次代码处于全球贸易项目代码的应用标识符AI（10）之中，其中产出批次代码中可加入生产日期代码（6位数字，顺序从前到后依次为年份的后2个数字、2位月份代码和2位日数代码），2个代码结束处设校验码（1位数字）。

以上内容的生产环节流通码由生产经营主体完成生产时编制完成。

小麦粉及面条流通环节代码包括批发、分销、运输、分装、加工等环节的代码，其内容为流通作业主体代码、流通领域产品代码、流通作业批次代码，这些代码对一个流通企业来说是具有唯一性的。

流通作业主体代码、流通领域产品代码处于全球贸易项目代码的应用标识符 AI（01）之中。流通作业批次代码处于全球贸易项目代码的应用标识符 AI（10）之中，其可加入生产日期代码。

以上内容的流通环节流通码由流通部门完成流通时编制完成。

生产环节和流通环节流通码也可合二为一。由流通部门向生产经营主体提供必要的流通领域诸代码，生产经营主体在完成生产时编制一个体现生产和流通两方面内容的代码，其形式为生产领域的流通码，即 4 个代码段，即在生产者、产品、产地和产出批次代码段中加入流通领域的内容。

3. 农产品追溯码

追溯码是提供给消费者、政府管理部门的最终编码，仍由 4 个代码段组成，与流通码一样，但不使用标识符，仅有一个校验码。追溯码由流通码压缩加密形成。农产品追溯码示例见图 2-2。

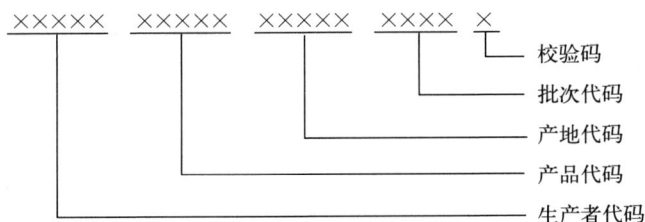

图 2-2 农产品追溯码示例

4. 追溯单元

追溯单元为农产品生产、加工、流通过程中不再细分的单个产品或批次产品。

农产品生产、加工、流通过程中具有多个工艺段，这些工艺段可以是技术型的，也可以是管理型的，统称为管理对象。其划分的粗细按其技术条件或管理内容而分，一个追溯单元内的个体具有共同的技术条件或管理内容。例如，某小麦的种植，若每个种植户不能处于相同的种植条件下，则追溯单元为每个种植户；若不同的种植户组能够实施统一管理（播种、农药的使用、化肥的施用皆一致），则追溯单元为种植户组。

一个追溯单元有一套记录，适用于该追溯单元内的每个个体。追溯单元的划分是确定追溯精度的前提。

5. 批次

批次为由一个或多个追溯单元组成的集合，常用于产品批次。尽管每个追溯单元具有自己的技术条件或管理内容，且有别于其他追溯单元。但农产品生产、加工、流通过程是连续的物流过程，可分为多个阶段。当一个追溯单元的产品进入下一个阶段时，因技术条件或管理内容而不得不与其他追溯单元的产品混合时，就形成混合产品，即成为批次。例如，当小麦原粮存储时，如果不同的种植户组的原粮能够实现分区仓储，则一个种植户组的原粮可作为一个批次；若不能实现分区仓储，则多个种植户组的原粮为一个批次。

批次可作为追溯精度。

6. 记录信息

记录信息指农产品生产、加工、流通中任何环节记录的信息内容。生产经营主体在管理中应根据《中华人民共和国农产品质量安全法》做好记录。需记录的内容包括与产品质量安全有关的信息，如生产资料的技术内容、工艺条件等；也包括与产品质量安全无关的信息，如职工的工作量、生产资料的收购价等。前者可用于质量安全追溯，后者则不用于质量安全追溯，仅用于经营管理。生产经营主体为了记录的方便，往往是将这两方面内容列于一个记录，而不分别记录。

7. 追溯信息

追溯信息为具备质量安全追溯能力的农产品生产、加工、流通各环节记录信息的总和，即可用于质量安全追溯的记录信息。依据质量安全追溯的内容包括确定追溯产品的来源、质量安全状况、责任主体，追溯信息应满足该内容的要求。因此，追溯信息应包括3个方面信息。

（1）环节信息　即信息是记录在哪一环节。环节的划分依据如下：

① 生产组织形式的反映。例如，农药购入由单独的部门完成，然后分发给农药使用者，则农药购入和农药使用为2个环节。若农药使用者自行购入农药，则农药购入和农药使用合为一个环节。

② 相同技术条件或管理内容的部门可归为一个环节。例如，各种植户组统一进行管理的小麦种植，具有相同的技术条件或管理内容，可合并为一个环节。

③ 结合追溯精度，可以细分或粗合。环节信息应具体并唯一地反映该环节，表达方式可用汉字或数字（应在质量安全追溯制度中写明该数字的含义）。例如，第1种植户组第2号地或1—02。

（2）责任信息　即时间、地点、责任人，以便发生质量安全问题时可依此确定责任主体。责任人包括质量安全追溯工作的责任人以及生产投入品供应企业责任人（该企业名称）。

（3）要素信息　该环节技术要素或管理要素的反映。要素信息应满足质量安全追溯的要求，如使用的农药品名、剂型、稀释倍数、使用量、使用方法、安全间隔期等。

8. 追溯精度

（1）追溯精度定义 农产品质量安全追溯中可追溯到产业链源头的最小追溯单元。目前，生产水平和管理方式尚未完全摆脱粗放模式的影响，且最小追溯单元基于生产实践。生产经营主体的记录可精确到种植户、种植户组等。

（2）确定追溯精度的原则 生产经营主体可依据自身生产管理现状，为满足追溯精度要求，对组织机构、工艺段和工艺条件作出小幅度更改。不必为质量安全追溯花费大量资金及人力，以致影响经济效益。因此，全国范围内生产经营主体的质量安全追溯的模式不完全相同，各有符合本主体的特色。追溯精度也如此，各生产经营主体的追溯精度可以不同。追溯精度的放大和缩小各有利弊。

① 追溯精度放大的优点是管理简单、记录减少。例如，生产经营主体的追溯精度确定为某种植户组，则该种植户组的农药使用、化肥施用、收获、仓储均为统一；该种植户组内生产人员可随时换岗；追溯信息的记录只需一套；运输时，本种植户组的小麦可以随意混运；加工企业的仓库不必分区；加工成的产品可以混合。总之，只要是出自同一种植户组的原粮、加工后的产品均可混合，这便于生产和管理。但其缺点是一旦发生质量安全问题，查找原因、责任主体、改进工作与奖惩制度的执行都较困难。再则，发生质量安全问题的产品数量大，涉及的批发商或零售商多，召回的经济损失及对企业的负面影响较大。

② 追溯精度缩小的优缺点正好与之相反。因此，在管理模式和生产工艺不作重大变更的前提下，合理确定追溯精度是每个生产经营主体实施质量安全追溯前必须慎重解决的问题。

鉴于以上所述优缺点，一般来说，产品质量安全可控性强、管理任务又较繁重的企业，追溯精度可以适当放大；而产品质量安全可控性差、管理任务又不太繁重的企业，追溯精度可以适当缩小。

另外，随着国内外贸易的扩展和质量安全追溯的深化，加工企业应改进管理和工艺，使追溯精度更小。当加工企业工艺变化或销售方式变化影响产品可追溯性时，应及时通知生产经营主体对追溯精度作出相应变化，以便追溯工作的实施与管理。从而，促使追溯精度与实际生产过程相匹配，推进质量安全追溯发展，赢得消费者的赞赏。

9. 追溯深度

追溯深度为农产品质量安全追溯中可追溯到的产业链的最终环节。以生产经营主体作为质量安全追溯的主体，追溯深度有以下 5 类：

（1）加工企业　实施质量安全追溯的农业生产经营主体，其可追溯的小麦销售给小麦粉或面条加工企业，追溯深度为小麦粉或面条加工企业。

（2）批发商　实施质量安全追溯的农业生产经营主体，其追溯产品销售给批发商，追溯深度则为批发商。

（3）分销商　实施质量安全追溯的农业生产经营主体，其追溯产品销售给分销商，追溯深度为分销商。

（4）零售商　实施质量安全追溯的农业生产经营主体，其追溯产品销售给直销店或零售商，追溯深度为零售商。

（5）消费者　实施质量安全追溯的农业生产经营主体，其追溯产品直接销售给消费者，追溯深度为消费者。

10. 代码

代码是农产品质量安全追溯中赋值的基本形式。只有使用代码才能实施信息化管理，才能实施追溯。现分以下 2 方面叙述代码的基本知识：

（1）代码的基本知识

① 代码表示形式　由于代码需表示诸多不同类型的内容，因此其表示形式有以下 4 种：

（a）数字代码（又称数字码）。这是最常用的形式，即用一个或数个阿拉伯数字表示编码对象。数字代码的优点是结构简单，使用方便，排序容易，便于推广。在应用阿拉伯数字时，对 "0" 不予赋值，而是作为预留位的数字，以便以后用其他数字代替，赋予一定含义或数值。

（b）字母代码（又称字母码）。用一个或数个拉丁字母表示编码对象。字母代码的优缺点如下：

一个优点是容量大，两位字母码可表示 676 个编码对象，而两位数字码仅能表示 99 个编码对象；另一个优点是有时可提供人们识别编码对象的信息，如 BJ 表示北京、WLMQ 表示乌鲁木齐，便于人们记忆。

缺点是不便于计算机等数据采集电子设备的处理，尤其当编码对象数目较多、添加或更改频繁、编码对象名称较长时，常常会出现重复或冲突。因此，字母代码经常用于编码对象较少的情况。即使在这种情况下应用，尚须注意以下 3 点：

——当字母码无含义时，应尽量避免使用发音易混淆的字母，如 N 和 M，P 和 B，T 和 D；

——当出现 3 个或更多连续字母时，应避免使用原音字母 A、O、I、E、U，以免被误认为简单语言单词；

——在同一编码方案中应全部使用大写字母或小写字母，不可大小写字母混用。

（c）混合代码（又称数字字母码或字母数字码）。一般不使用混合代码，只有在特殊情况下才使用，如出口小麦使用国际规定的流通码。混合代码中包括数字和字母的代码，有时还可有特殊字符。这种代码具有数字代码和字母代码的优缺点。编制混合代码时，应避免使用容易与数字混淆的字母，如字母 I 与数字 1、字母 Z 与数字 2、字母 G 与数字 6、字母 B 和 S 与数字 8；也应避免使用相互容易混淆的字母，如字母 O 和 Q。

（d）特殊字符。部分特殊字符（如 &、@ 等）可用于混合代码中增加代码容量。但连字符（-）、标点符号（，。等）、星形符号（＊）等不能使用。

② 代码结构和形式。代码的结构包括由几个代码段组成、每个代码段的含义、这些代码段的位置、每个代码段有多少字符。例如，农产品追溯码由 4 个代码段组成，从左到右代码段的名称依次为生产者代码段、产品代码段、产地代码段、批次代码段（农产品追溯码示例见图 2-2）。每个代码段内字符数由具体情况而定。

③ 代码长度。代码长度是指编码表达式的字符（数字或字母）数目，可以是固定的或可变的。但为了便于信息化管理，宜采用固定的代码长度，对当前不用而将来可能会用的代码长度，可以用"0"作为预留。例如，小麦粉代码段，当前仅有 4 个品种，只需 1 位代码长度；若考虑将来品种会增加到 10 种，则应有 2 位代码长度，当前产品代码为 01~04。需要注意，代码长度不应过长，否则不利于电子信息的管理。

（2）质量安全追溯中所用代码

① 组合码。组合码为由一些相互依存的并有层次关系的描述编码对象不同特性代码段组成的复合代码。例如，生产者的居民身份证编码采用组合码，居民身份证码示例见表 2-1。

表 2-1　居民身份证码

居民身份证码	含义
××××××××××××××××××	居民身份证码的 18 位组合码结构
××××××	行政区划代码
××××××××	出生日期
×××	顺序码，其中奇数表示男性，偶数表示女性
×	校验码

该组合码分为 4 个代码段，共 18 位。前 2 个代码段分别表示居民的空间和时间特性，第 3 个代码段依赖于前 2 个代码段所限定的范围，第 4 个代码段依赖于前 3 个代码段赋值后的校验计算结果。

又如，小麦粉追溯码示例见表 2-2。

表 2-2　小麦粉追溯码

追溯码	含义
××××××××××××××××××	小麦粉追溯码的 25 位组合码结构
	从业者代码
××××	追溯产品代码
××××××	产地代码
××××××××	批次代码
×	校验码

该组合码分为 5 个代码段，共 25 位。第 1 个代码段是从业者代码，表示小麦粉生产经营主体，包括经营者、生产者和经销商的全部或部分。第 2 个代码段是追溯产品代码，表示小麦粉的代码。第 3 个代码段是产地代码，表示追溯产品生产地的代码，可用国家规定的行政区划代码，如以下所述的层次码。第 4 个代码段是批次代码，如以下所述的并置码。第 5 个是校验码，依赖于前 4 个代码段 24 个代码赋值后的校验计算结果。

② 层次码。层次码为以编码对象集合中的层次分类为基础，将编码对象编码成连续且递增的代码。例如，产地编码采用 3 层 6 位的层次码结构，每个层次有 2 位数字，从左到右的顺次分别代表省级、市级、县级；较高层级包含且只能包含较低层级的内容，内容是连续且递增的；组成的层次码表示某县所属市、省，表达一个有别于其他县的确切唯一的生产地点。

例如，北京市的省级代码为 11，下一层市辖区的市级代码为 01，下一层东城区的县级代码为 01，因此生产地点在北京东城区的代码为 110101。

③ 并置码。并置码为由一些相互独立的描述编码对象不同特性代码段组成的复合代码。例如，批次编码，采用 2 个代码段。第 1 个代码段为批次，用数字码，其位数取决于 1d 内生产的批次数，可用 1 位或 2 位。第 2 个代码段是生产日期代码，采用 6 位数字码，分别表示年、月、日，各用 2 位数字码。批次代码和生产日期代码是具不同特性的，批次与生产

线、生产设施有关，而生产日期仅是自然数。

第三节　要　　求

一、追溯目标

【标准原文】

4.1　追溯目标

追溯的小麦粉或面条可根据追溯码追溯到各个种植、加工、流通环节的产品、投入品信息及相关责任主体。

【内容解读】

1. 追溯码具有完整、真实的信息

追溯码追溯信息的完整、真实是保证能够根据追溯码进行追溯的基础，也是实施质量安全追溯的前提条件。如果没有完整和真实的追溯信息，顺向可追、逆向可溯便无从谈起。因此，对追溯码追溯信息有以下要求。

（1）追溯信息应具有完整性　完整性是指信息覆盖种植、加工和流通整个产业链的所有环节。从信息内容上，应包括产品、投入品等所有追溯信息，即与追溯产品质量安全有关的信息。同时，还应包括明确的责任主体信息。

（2）追溯信息应具有真实性　追溯信息真实性是指按照实际的生产、操作情况记录发生的事情。记录可为可追溯性提供文件、验证的证据。因此，保证记录的真实性，将为质量原因的分析、问题产品的追溯、质量安全追溯系统的有效运行提供有力支撑。另外，记录的真实性也包含电子信息和纸质信息一致性的内涵，将纸质记录信息转录为电子信息记录应有审核的过程。

2. 追溯方式

质量安全追溯是依据追溯信息，从产业链终端向始端进行客观分析、判定的过程。生产经营主体应明确追溯产品的流向信息，然后从产业链的终端向始端方向进行回溯。

例如，加工企业的追溯产品为小麦粉，执行的产品标准为 NY/T 421—2012，流向共包括 8 个环节，分属于农产品生产经营主体 3 个、运输单位 1 个、小麦粉加工厂 4 个。对应设立与质量安全有关的信息采集点为 8 个，组成信息流。小麦粉加工企业物流和信息流见图 2-3。

生产经营主体(运输)　　　　　小麦粉加工

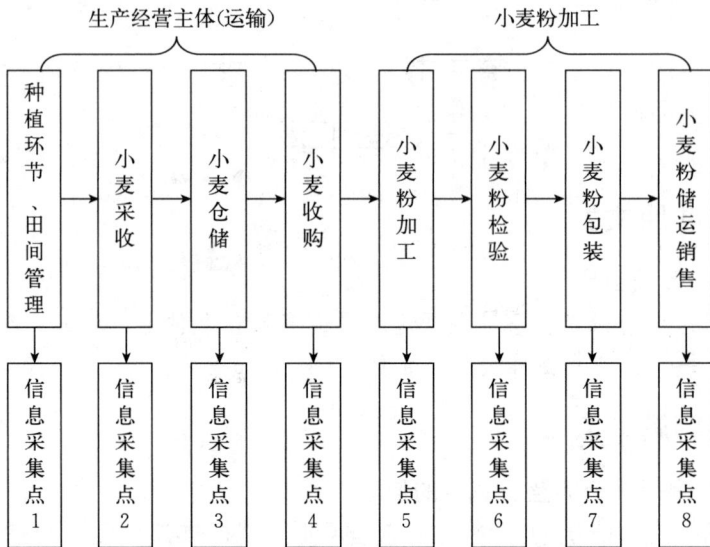

图 2-3　小麦粉加工企业物流和信息流

例如，当某小麦粉成品被检验出农药溴氰菊酯残留量为 0.3 mg/kg，超过 NY/T 421—2012 中规定的限量 0.2 mg/kg 时，企业就须实施追溯，步骤如下：

由于农药超标不会发生在运输销售、包装、储存环节，因此最后端是检验环节，从信息采集点 6 查找，发生溴氰菊酯超标的原因有 3 个或其中之一：

① 检验有误。检验有误的主要原因是检验方法应用错误、检验操作不当、检验结果计算错误等。因此，检验方法、人员、操作、仪器、量具和计算等所有影响检验结果的因素应进行规范。如果是检验有误导致的结果偏差，应对样品进行复检，以便确保检验结果的准确性。

② 检验样本量不足。样本量不足可能导致所检样品合格，而不合格样品未被检到、漏检，从而样品合格不能代表产品合格。因此，抽样时应充分考虑抽样量，使样品的检验结果能代表产品质量。

③ 样品均质不当。样品均质不当可能存在取样部位代表性差、样品混合和均质不准的问题，使本来能代表产品的样品得不到质量均匀的实验室样品，导致错误结果。因此，取样时应随机取样，并充分均质化。

鉴于以上原因，责任主体应是相关的抽样或检验人员。

若检验环节无误，则继续向始端回溯至加工环节的信息采集点 5，检查加工用水、加工辅料，是否符合国家要求。若不符合，则加工环节的执

32

行部门和个人为责任主体。

若以上环节均没有问题，则继续向始端回溯至小麦种植环节的信息采集点1，造成溴氰菊酯超标的主要原因可能是种植过程中的灌溉用水、土壤或者投入品使用等，造成产品中农药溴氰菊酯超标。

实施质量安全追溯的目的是查找质量安全问题的原因，明确其责任主体，并针对性地改进工作，提高可追溯产品的质量安全水平。

二、机构和人员

【标准原文】

4.2 机构和人员

追溯的小麦粉或面条生产企业（组织或机构）应指定机构或人员负责追溯的组织、实施、监控、信息的采集、上报、核实和发布等工作。

【内容解读】

设立机构和人员是从组织上保证农产品质量安全追溯工作顺利进行的重要举措。具备一定规模的生产经营主体，应设置专门机构（如质量安全追溯办公室）或专门人员负责组织、管理追溯工作；规模较小的生产经营主体，也要有专门人员负责农产品质量安全追溯工作的实施。

1. 机构和人员的职责

机构和人员的职责应满足以下要求：

（1）**职责明确** 依据农产品质量安全追溯的要求，将整个工作（制度建设、业务培训、追溯系统网络建设、系统运行与管理、信息采集及管理等）分解到各个部门，落实到每个工作人员。职责既不可空缺，也不可重复，以便工作问题查找以及责任界定。例如，生产记录表格的设计定稿、填写人员等，都应明确责任主体。一旦发生不可追溯，若是由记录人员的填写错误所致，则由记录人员负责；若是记录表格缺少应有项目致使追溯中断，则由设计定稿人员负责。再如，为保证培训效果以及培训的针对性，培训时应明确培训计划、授课人、授课对象等。若存在工作人员操作不当或操作不熟练的现象，培训计划应有操作相关内容，且听课人在培训签到表上签字；若培训计划有操作相关内容，授课人培训时未对该部分内容进行充分讲解，导致听课人未能充分理解，则授课人对此负责，并进行重新培训；若培训计划中未列入该内容，则培训计划制订人对此负责。总之，职责明确是保证质量安全追溯工作顺利进行的关键。

（2）**人员到位** 追溯工作分解到人时，应将全部工作明确分给各工作人员。工作分解到人可以有 2 种表示方式：

① 明确规定某职务担任某项工作。这种"定岗定责"方式的优点是，当发生人员变动时，只要该职务不废除，谁承担该职务，谁就承担该工作，不至于出现由于人员变动导致无人接手相关工作的局面，从而影响追溯工作的有效衔接。

② 明确担任某项工作人员的姓名。这种表示方式的好处是直观，但当发生人员变动时，需及时修改相关任命文件。

2. 工作计划

（1）工作计划的制订　农业生产经营主体在制订工作计划时应根据自身生产实际，将全部质量安全追溯工作内容纳入计划、统筹考虑，并确定执行时间（依据轻重缓急和任务难易可按周、月或季执行）、执行机构或人员、执行方式等。

（2）工作计划的执行　执行工作计划时，应记录执行情况，包括内容、执行部门或人、执行时间和地点、完成及改进情况等。

（3）工作计划的监管检查　监管检查时，应形成检查报告，包括检查机构或人员、检查时间、检查内容、检查结果，以便后续改进。

3. 信息采集、上报、核实和发布

由于信息采集人员是接触信息的一线人员，其采集信息的真实性、完整性直接影响追溯工作的顺利进行。因此，在指定机构和人员负责追溯工作的文件中应明确信息采集人员，以便在出现问题时直接找到相关责任人。信息采集人员对信息记录的真实性、完整性负责。

三、设备和软件

【标准原文】

4.3　设备和软件

追溯的小麦粉或面条生产企业（组织或机构）应配备必要的计算机、网络设备、标签打印机、条码读写设备等、相关软件应满足追溯要求。

【内容解读】

1. 计算机等电子设备

计算机等电子设备是农产品质量安全追溯的重要组成部分，是快速、有效地进行信息采集、信息处理、信息传输和信息查询的信息化工具，普遍应用于农产品质量安全追溯中。计算机见图 2-4。

图 2-4 计算机

2. 移动数据采集终端

移动数据采集终端是快速、高效、便携的电子设备,它可用于产业链过程中各环节电子信息的采集,如可用于储存、运输和销售小麦粉及面条产品信息的采集,包括出入库、储存条件、运输车号、产品追溯码(一维码或二维码)、销售数量和去向等(见图 2-5)。

3. 工控机

工控机是用于特殊环境下的信息化工具,如低温车间、冷藏库、高温灭菌车间等(见图 2-6)。它与普通计算机的差别如下:

图 2-5 移动数据采集终端

图 2-6 工控机

(1)外观 普通计算机是开放、不密封的,表面有较多散热孔,有一个电源风扇向机箱外吹风散热。而工控机机箱则是全封的,所用的板材较厚,更结实,重量比普通计算机重得多,可以防尘,还可屏蔽环境中电磁

35

等对内部的干扰。机箱内有一个电源用的风扇，可保持机箱内更大的正压强风量。

（2）结构　相对于普通计算机，工控机有一个较大的母板，有更多的扩展槽，CPU 主板和其他扩展板插在其中，这样的母板可以更好屏蔽外界干扰。同时，电源用的电阻、电容和电感线圈等元器件级别更高，具有更强的抗冲击、抗干扰能力，带载容量也大得多。

4. 网络设备

网络设备的合理可保证网络通信的有效和畅通。应建立有效的通信网络，使各信息采集、信息传递渠道畅通。可通过以下 4 种方式：

① 通过 ADSL 上网。

② 通过光纤方式上网。

③ 建立局域网。对于在一栋建筑物内、信息交换比较频繁的场所，应建立局域网，实现实时共享，减少各采集点数据导入、导出等操作。

④ 无线上网。对于不具备以上条件，信息交换又比较频繁的场所，建议采用此方式。

5. 标签打印机

应配备标签打印机（见图 2-7）。标签打印机数量根据生产经营主体日产量、日包装量和日销售量等生产实际情况配置一台或多台。在条件允许情况下，生产经营主体宜配置一台备用机，以应对突发状况。

图 2-7　标签打印机　　　　图 2-8　小字符喷码机

6. 喷码机或激光打码机

喷码机是运用带电的墨水微粒，由高压电场偏转的原理，可在各种不同材质的包装表面上非接触地喷印图案、文字和代码。喷码机机型多样，有小字符系列（见图 2-8）、高清晰系列、大字符系列等。当追溯产品包装为塑料袋等不适宜粘贴标签的，宜配备喷码机。

激光打码机使用软件偏转激光束，利用激光的高温直接烧灼需标识的产品表面，形成图案、文字和代码。与普通的墨水喷码机相比，激光打码机的优点主要如下：

① 降低生产成本，减少耗材，提高生产效率。

② 防伪效果很明显，可以有效地抑制产品的假冒标识。

③ 能在极小的范围内打印大量数据，打印精度高，打码效果好，美观。

④ 设备稳定度高，可 24 h 连续工作，激光器免维护时间长达 2 万 h 以上；温度适应范围宽（5～45 ℃）。

⑤ 环保、安全，不产生任何对人体和环境有害的化学物质，是环保型高科技产品。

激光打码机见图 2-9。

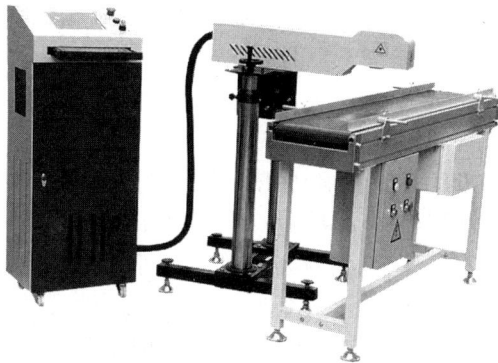

图 2-9 激光打码机

当追溯产品采用塑料包装时，塑料封口机可与喷码机或激光打码机组成一体机，以便于操作和打印计数。

7. 条码识别器

条码是将线条与空白按照一定的编码规则组合起来的符号，用以代表一定的字母、数字等资料。在进行识别时，是用条码识别器扫描，得到一组反射光信号，此信号经光电转换后变为一组与

图 2-10 二维条码识别器

线条、空白相对应的电子讯号，经解码后还原为相应的数字和文字，然后传入计算机。条码识别器可用于条码（即一维条码）和二维码（即二维条

码）。二维条码识别器见图 2 - 10。

8. 软件

软件系统的科学合理性直接关系质量安全追溯工作的成效。软件系统的开发设计应以生产实际需求为导向，采用多层架构和组件技术，形成从田间记录到市场监管一套完整的农产品质量安全追溯信息系统。软件系统定制时，生产、加工过程中各投入品的使用以及产品检测等为必须定制项目，其他不影响产品质量安全的环节，则可选择性定制。同时，软件系统应满足其追溯精度和追溯深度的要求。

四、管理制度

【标准原文】

4.4 管理制度

追溯的小麦粉或面条生产企业（组织或机构）应制定产品质量追溯工作规范、质量追溯信息系统运行及设备使用维护制度、质量安全应急预案、产品质量控制方案等相关制度，并组织实施。

【内容解读】

标准原文所述的 4 个方面制度内容是质量安全追溯的基本内容，还可增加其他制度实施管理。产品质量安全追溯工作规范规定质量安全追溯的总体要求，设计质量安全追溯内容的总体管理。质量追溯信息系统运行及设备使用维护制度是实施质量安全追溯的基本条件，包括电子信息和纸质信息的采集内容、方式、传输。信息系统维护和管理规范是质量安全追溯实施的核心，为保证信息系统的高效、准确运行而应采取的日常管理和维护方法。质量安全应急预案是一旦质量安全追溯产品发生质量安全问题，如何应用追溯码及所反映的信息对该追溯产品的处置。产品质量控制方案是依据追溯产品的有关法律法规和标准，结合生产经营主体的实际情况所指定的质量控制方案。

【实际操作】

1. 管理制度

管理是社会组织中，为了实现既定目标，以人为中心进行的控制与协调活动。生产经营主体为了不同的目标，实施不同的管理模式，如新中国成立初期实施过"全面质量控制"（TQC），而当今又有"危害分析与关键控制点"（HACCP）等。为规范农产品质量安全追溯的实施，保障追溯体系的运行，同样需要制定一套管理制度。它与其他企业管理有共性，也有个性。生产经营主体实施质量安全追溯管理是建立在以往各种管理模式中积累的经验基础之上的。企业应依托现有基础，认真学习与领会质量安全追溯管理的个性，即与其他管理模式不同的特点，从而制定追溯相关制度。制度管理包括4个环节，即制定、执行、检查和改进。

（1）制定　制度文件制定时，应按照"写我所做、写我能做"的要求，涵盖质量安全追溯工作实际的所有内容，并确立明确的目标要求以及达到目标所应采取的措施，包括组织、人员、物质、技术、资金等。制度中所确立的目标应在生产经营主体能力范围内，且是必须达到的目标要求，而不切实际的目标和内容一律不得列入制度文件中，如追溯产品质量控制方案中列出的控制大气污染等。此外，不影响目标实施以及产品质量安全的内容也可以不在制度文件中列出。

（2）执行　指定的机构或人员应按照制度文件执行，当执行过程中发现制度内容与生产经营主体生产实际不符时，应告知相关人员对制度文件进行修订。指定机构或人员执行与否依据执行记录进行判定。

以追溯技术培训为例，追溯技术培训是每个质量安全追溯生产经营主体必须进行的一项工作，同时也是非常重要的一项工作。当执行追溯技术培训这项具体工作时，应有培训计划、培训通知、授课内容、听课人签到及其相关证明材料，培训结束后应有相应的总结。

需要注意的是，因计划属于预先主观意识，执行属于客观行为，在执行过程中允许与计划有所出入、差别。从唯物辩证观点出发，一切以实际为准，以达到预期目标为准。

（3）检查　相关工作结束后，需对执行效果与制度文件中确立的目标进行对比评估，分析不足、总结经验。例如，对追溯技术培训的培训人员相关操作的准确性及熟练性进行检查是否达到预期的效果。

（4）改进　除了规范追溯体系实施、促进追溯理念发展、推广经验外，更重要的是纠正具体实践中发现的问题以及改进制度制定、执行中的不足。例如，追溯技术培训后，若检查时发现培训效果欠佳，仍有部分人员对追溯相关技术不甚理解、应用不熟练，则仍需进行再次培训。管理制度的建立是不断发现问题、改进问题的过程。改进不是一劳永逸的，需在后续的工作循环进行制定、执行、检查和改进，直至达成既定目标。

农产品质量安全追溯制度首先要立足于自身的生产实际与需求，同时，还应结合相关部门发布的有关农产品质量安全追溯工作文件。为确保追溯工作的顺利开展，需要制定质量安全追溯工作规范、信息采集规范、信息系统维护和管理规范、质量安全问题处置规范等制度，以上制度构成了质量安全追溯的最基本制度。此外，还可以制订与制度相配套的工作方案等，如产品质量控制方案。

2. 基本制度

（1）产品质量安全追溯工作规范　产品质量安全追溯工作规范是作为追溯工作的基本制度，其规范的对象是"追溯工作"，涉及质量安全追溯的所有工作，管理范畴无论在空间上、还是在时间上都更为宽泛。由于有其他 3 个制度，因此它的内容包括其他 3 个制度以外的所有内容，即质量安全追溯的组织机构、人员与职责、制度建设原则与程序、工作计划制订与实施、人员培训、追溯工作监督与自查，以及有关管理、操作、监督部门的职责等。同时，还应注意与其他具体制度性管理文件的相关关系。

（2）质量追溯信息系统运行及设备使用维护制度　该制度内容包括信息采集点的设置；信息采集内容；传输方式；纸质信息和电子信息安全防护要求；上传时效性要求；专用设备领用、维护记录；系统运行维护；追溯码的组成、代码的含义；标签打印机的维护、标签打印使用记录；以及有关管理、操作、监督部门的职责等。例如，纸质记录的记录表格设计、记录规范、记录时限、交付电子录入人员时限；电子录入人员的纸质记录审核、软件的确定和应用、备份的设备要求、备份的时限、电子信息安全措施、电子信息上传时限。

（3）质量安全应急预案　预案制订时，需依据追溯产品的有关法律法规和标准，结合生产经营主体的实际情况。该制度内容应包括组织机构和应急程序、应急项目、控制措施、质量安全事件处置以及有关管理、操作、监督部门的职责等。

为了验证应急预案的可行性，需作应急演练。演练的项目是依据产品标准所涉及的质量安全项目。例如，小麦粉追溯产品可以演练农药残留、重金属等。

应急预案的对象应是产品标准规定项目。例如，绿色食品小麦粉应急预案对象为重金属（涉及灌溉水水质、土壤污染、肥料质量、加工用水）、农药残留（涉及农药购入、农药使用、收获时间）。

（4）产品质量控制方案　该方案制订时需依据追溯产品的有关法律法规和标准，结合生产经营主体的实际情况。因此，同样是小麦粉加工企业，产品质量控制方案也不尽相同。

在条款内容上，应包括编制依据、适用范围、组织机构与职责、关键控制点设置、控制目标（安全参数和临界值或技术要求）和监控（检验）方法、控制措施、纠偏措施、实施效果检查等内容要求。

在技术内容上,应包括符合生产经营主体生产实际的追溯产品生产流程图;准确合理设置关键控制点、控制目标(安全参数和临界值或技术要求)、监控(检验)方法、控制措施和纠偏措施。其中,纠偏措施应适合各关键控制点的质控目标(安全参数和临界值或技术要求);出现偏离时,进行及时纠偏,采用的纠偏措施准确。

第四节 编 码

【标准原文】

5 编码

按 NY/T 1761 的规定执行。销售编码可用以下方式:

——企业编码的预留代码位加入销售代码,成为追溯码;

——在企业编码外标出销售代码。

一、产品追溯编码

【内容解读】

NY/T 1761 中"5.2.2.5 产品追溯码"的相关规定如下:产品追溯码是用于农产品追溯信息查询的唯一代码,可采用二维码或条形码。农业生产经营主体应从下列 2 种方式中选择适宜的编码方法:

——国际贸易追溯码:按 NY/T 1431 规定执行,由 EAN·UCC 编码体系中全球贸易项目代码 AI(01)和产品批号代码 AI(10)等应用标识符组成。

国际贸易追溯码示例,见图 2-11。

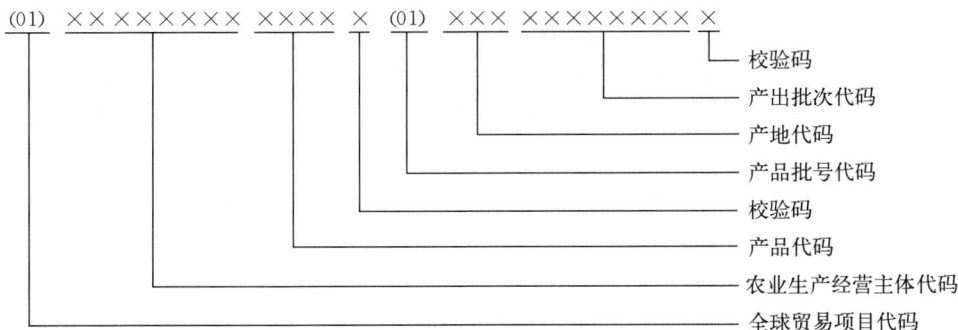

图 2-11 国际贸易追溯码示例

图 2-11 中（01）是 EAN·UCC 系统应用标识符中表示全球贸易项目代码；其后一次排列 7～9 位数字的农业生产经营主体代码（可用 0 表示预留代码），排列 3～5 位数字的产品代码（可用 0 表示预留代码），排列一位数字的校验码。

（10）是 EAN·UCC 系统应用标识符中表示产品批号代码；其后依次排列产地代码（可用 0 表示预留代码），排列产品批次代码（可用 0 表示预留代码），排列一位数字的校验码。

国内贸易追溯码由农业生产经营主体代码、产品代码、产地代码、批次代码和校验码组成。

国内贸易追溯码示例，见图 2-12。

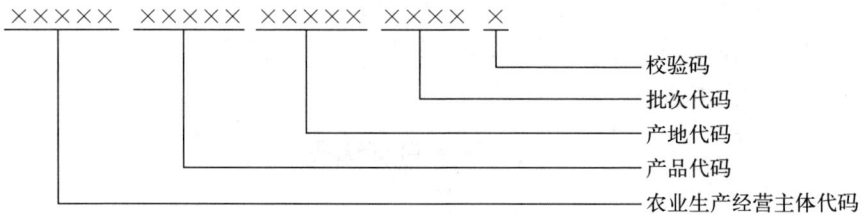

图 2-12 国内贸易追溯码示例

图 2-12 中依次排列农业生产经营主体代码、产品代码、产地代码、批次代码和 1 位数字的校验码。前 4 种代码可用 0 表示预留代码。

【实际操作】

1. 追溯信息编码

追溯信息编码是将编码对象赋予具有一定规律（代码段的含义、代码位置排列的顺序、代码的含义、校验码的计算都作出具体规定）、易于电子信息采集设备和人识别处理的符号。因此，农产品质量安全追溯信息编码的内容应包括代码表达的形式（数字或字母）、表示的方法（例如，校验码的计算，农业生产经营主体所用数字或字母的含义，应在农业生产经营主体的工作制度中明确规定，以免误用）。

（1）追溯信息编码用途

① 对编码对象进行标识。信息编码犹如"身份证"，此编码与对象组成一个唯一性的联系。

② 对编码对象进行分类。对编码对象进行分类后，便可从编码上看出其属于哪一类。例如，生产经营主体属于种植还是加工，产地属于省级

还是市级或县级。

③ 对编码对象进行识别。确定编码对象的性质，尤其是用于质量安全追溯。

因此，信息编码是实施质量安全追溯的重要前提。信息编码的成功与否直接关系到当前及今后的质量安全追溯。

（2）信息编码原则

① 唯一性。一个代码仅表示一个对象，一个对象也只有一个代码。

② 合理性。代码结构应与生产实践相适应。

③ 可扩充性。代码应留有适当的后备容量，以适应不断扩充的需要。常用数字 0 作为后备代码，其他数字都可定义含义。容量的大小取决于生产实践。例如，产品代码，现有 5 种产品，用 1～5 表示；若企业考虑将增加到数十种，则产品代码段为 2 位，现有产品代码用 01～05。

④ 简明性。代码结构应尽量简单，长度尽量短，尤其是预留位宜少不宜多，便于信息录入，减少差错率，减少计算机存储容量。

⑤ 适用性。代码尽可能反映编码对象的特征，如生产时间的代码，取 6 位，分别用 2 位表示年、月、日，而不是 8 位（年用 4 位，月、日分别用 2 位）。但有的代码没有实在含义。

⑥ 规范性。编码时应按统一规定进行编码。参与国际贸易的应用 EAN·UCC 系统，用于质量安全追溯的按农业农村部规定的编码结构实施。

（3）信息编码形式　追溯信息编码是农产品质量安全追溯信息查询的唯一代码。当农业生产经营主体完成生产时，必须同时完成农产品质量追溯信息编码。农产品质量安全追溯信息代码可由产业链中各工艺段的代码组合而最终形成；也可以无工艺段代码，形成最终追溯产品时一次形成。其形式有以下 3 种：

① 采用 GB/T 16986—2018《商品条码　应用标识符》中 EAN·UCC 系统应用标识符。应用标识符是标识数据含义与格式的符号，如全球贸易项目代码用 AI（01）表示。格式 N2＋N14 表示标识符中有 2 位数字，即 01；代码有 14 位数字，由农业生产经营主体自定。数据段名称为 GTIN（Global Trade Item Number 的简称，即全球贸易项目代码）。EAN·UCC 应用标识符的含义、格式及数据名称见表2-3。

表 2-3　EAN·UCC 应用标识符的含义、格式及数据名称

AI	含义	格式	数据名称
01	全球贸易项目代码	N2+N14	GTIN
10	批号	N2+X…20	BATCH/LOT

注：N 为数字字符，X 为字母、数字字符。

② 以批次编码作为农产品质量安全追溯信息编码。

③ 农业生产经营主体自定义的追溯信息编码，如二维码。

2. 校验码的计算方法

校验码位于追溯码的最后一位，它的作用是检验追溯码中各个代码是否准确，即用各个代码的不同权数加和及与 10 的倍数相减，获得一位数字。农业生产经营主体自行完成或请编码公司完成的编码，都应将校验码计算的软件应用到标签打印机中。校验码的计算如下：

（1）确定代码位置序号　代码位置序号是包括校验码在内的，从右向左的顺序号。因此，校验码的序号为 1。

（2）计算校验码　按以下步骤计算校验码：

① 从代码位置序号 2 开始，所有偶数位数字代码求和；

② 将以上偶数位数字代码的和乘以 3；

③ 从代码位置序号 3 开始，所有奇数位数字代码求和；

④ 将偶数位数字代码和乘以 3 的乘积与奇数位数字代码和相加；

⑤ 用大于或等于④得出的相加数、且为 10 最小整数倍的数减去该相加数，即校验码数值。

计算的示例见表 2-4。

表 2-4　校验码计算示例

计算步骤	举例说明													
从右向左顺序编号	位置序号	13	12	11	10	9	8	7	6	5	4	3	2	1
	代码	6	9	0	1	2	3	4	5	6	7	8	9	X
从位置序号 2 开始，所有偶数位数字代码求和	9+7+5+3+1+9=34													
偶数位数字代码的和乘以 3	34×3=102													
从位置序号 3 开始，所有奇数位数字代码求和	8+6+4+2+0+6=26													

（续）

计算步骤	举例说明
将偶数位数字代码和乘以 3 的乘积与奇数位数字代码和相加	$102+26=128$
用大于或等于④得出的相加数，且为 10 最小整数倍的数减去该相加数，即校验码数值	$130-128=2$，即 $X=2$

二、从业者编码

【内容解读】

NY/T 1761 中"5.2.2.1 从业者编码"规定"应采用组合码对农产品生产、加工、流通过程中相关从业者进行分级分类编码管理。农业生产经营主体应记录其全球贸易项目代码或组织机构代码，个体应记录居民身份证号。"

生产、加工、流通相关从业者为个体的编码应为居民身份证号。从业者为农户，以种植户户主居民身份证号作为编码；从业者为生产组；由生产组自行用数字或字母编码；从业者为农业生产经营主体，编码应为统一社会信用代码。

【实际操作】

生产种植者（户）编码及档案信息记录表见表 2-5。

表 2-5 生产种植者（户）编码档案信息记录表

生产种植者（户）	户主居民身份证号

生产经营主体编码档案信息记录表见表 2-6。

表 2-6 生产经营主体编码档案信息记录表

生产经营主体名称	统一社会信用代码	法人

三、产地编码

【内容解读】

NY/T 1761 中 "5.2.2.2 产地编码" 规定 "编码方法按 NY/T 1430 规定执行。国有农场产地编码采用 31100＋全国贸易项目代码＋7 位地块（圈、舍、池或生产线）代码组成。地块（圈、舍、池或生产线）代码采用固定递增格式层次码，第一位和第二位代表管理区代码，第三位和第四位代表生产队代码，第五位至第七位代表地块（圈、舍、池或生产线）顺序代码。"

NY/T 1430—2007 详细规定了农产品产地单元划分原则、产地编码规则、产地单元数据要求。

农产品产地单元是指根据农业管理需要，按照一定原则划分的、边界清晰的多边形农产品生产区域。

产地单元划分应遵循以下原则：

——法定基础原则：应基于法定的地形测量数据进行；

——属地管理原则：产地单元的最大边界为行政村的边界，不应跨村分割；

——地理布局原则：按照农产品产地中的沟渠、河流、湖泊、山丘、道路等地理布局进行划分；

——相对稳定原则：宜保持相对稳定，不宜经常调整；

——因地制宜原则：应根据不同地区的特点和发展要求进行划分。

农产品产地单元在时间和空间定义上应有唯一的编码。产地单元变更时，其源代码不应占用，变更后的农产品产地单元按照原有编码规则进行扩展。

NY/T 1430—2007 中规定：农产品产地代码由 20 位数字组成，农产品产地代码结构示例见图 2-13。

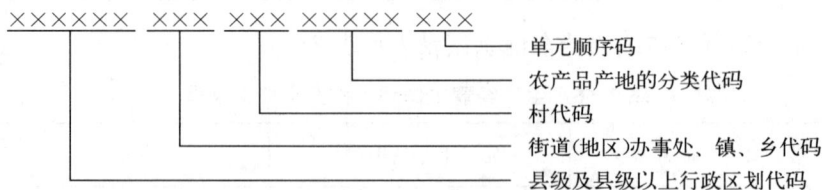

图 2-13　农产品产地代码结构示例

农产品产地编码宜采用十进位的数字码，应在质量追溯信息系统运行及设备使用维护制度中写明代码的含义，数字码便于信息化运行，不应采用字母码或汉字。其产地地块编码档案应与种植的作物种类相对应，其内容信息可以使用汉字，至少应包括种植区域、面积、产地环境等。

"全球贸易项目代码"应用标识符在 EAN·UCC 系统中以 AI（01）表示。EAN·UCC 系统是由国际物品编码协会（GS1）和美国统一代码委员会（UCC）共同开发、管理和维护的全球统一和通用的商业语言，为贸易产品与服务（即贸易项目）、物流单元、资产、位置以及特殊应用领域等提供全球唯一的标识。

"7 位地块（圈、舍、池或生产线）代码"采用的是固定递增格式层次码，类似图 2-11 介绍的"农产品产地代码结构示例"编码方式。在这 7 位代码段中，前两位代表"管理区代码"，如该国有农场共有 10 个管理区，则可将数字代码"01～10"分别表示 10 个管理区；中间两位代表"生产队代码"，如该国有农场某个管理区有 5 个生产队，则可将这 5 个生产队分别用数字代码"01～05"表示；后三位代表"地块（圈、舍、池或生产线）顺序代码"，宜采用十进位数字模式按地块（圈、舍、池或生产线）排列顺序编码。地块划分应以蔬菜种植品种、地理位置、所属单位或种植户等特性相对一致的最大地理区域为同一编码。

【实际操作】

1. 产地县级及县级以上行政区划分代码

县级及县级以上行政区域代码包括数字代码和字母代码。

（1）数字代码（简称数字码） 按照 GB/T 2260—2007 及第 1 号修改单规定，采用 3 层 6 位的层次码结构：每个层次有 2 位数字，按层次从左到右的顺次分别表示我国各省（自治区、直辖市、特别行政区）、市（地区、自治州、盟）、县（自治县、县级市、旗、自治旗、市辖区、林区、特区）。数字码码位结构从左至右的具体含义是：

第一层，即前两位代码表示省、自治区、直辖市、特别行政区（见表 2-7）；

第二层，即中间两位代码表示市、地区、自治州、盟、直辖市所辖市辖区/县汇总码、省（自治区）直辖县级行政区划汇总码，其中：

——01～20、51～70 表示市；01、02 还表示直辖市内的直辖区或直辖县的汇总码；

——21～50 表示地区、自治州、盟；

——90 表示省（自治区）直辖县级行政区划汇总码。

第三层，即后两位代码表示县、自治县、县级市、旗、自治旗、市辖区、林区、特区，其中：

——01～20、51～80 表示市辖区、地区（自治州、盟）辖县级市、市辖特区以及省（自治区）直辖县级行政区划中的县级市，01 一般不被市辖区使用；

——21～50 表示县、自治县、旗、自治旗、林区；

——81～99 表示省（自治区）辖县级市。

例如，新疆维吾尔自治区乌鲁木齐市天山区对应的行政区划代码为 650102。

（2）字母格式代码（简称字母码） GB/T 2260—2007 及第 1 号修改单规定，行政区划字母码要遵循科学性、统一性、实用性的编码原则，参照县及县以上行政区划名称的罗马字母拼写，取相应的字母编制。具体操作如下：

——省、自治区、直辖市、特别行政区的字母码用 2 位大写字母表示；

——市、地区、自治州、盟、自治县、县级市、旗、自治旗、市辖区、林区、特区用 3 位大写字母表示。

行政区划名称的罗马字母拼写一般采用汉语地名的罗马字母拼写，但当行政区划名称以蒙古语、维吾尔语、藏语命名时，其行政区划名称的罗马字母拼写执行相应的民族语言音译转写规定；台湾地区和香港特别行政区、澳门特别行政区的罗马字母拼写遵循国家有关规定；当行政区划名称中含有民族名称时，该民族名称的罗马字母拼写执行 GB 3304—1991《中国各民族名称的罗马字母拼写法和代码》的规定执行，见表 2-7。

表 2-7 全国省级（省、自治区、直辖市、特别行政区）代码表

名称	罗马字母拼写	数字代码	字母代码
北京市	Beijing Shi	110000	BJ
天津市	Tianjin Shi	120000	TJ
河北省	Hebei Sheng	130000	HE
山西省	Shanxi Sheng	140000	SX
内蒙古自治区	Nei Mongol Zizhiqu	150000	NM
辽宁省	Liaoning Sheng	210000	LN
吉林省	Jilin Sheng	220000	JL

（续）

名称	罗马字母拼写	数字代码	字母代码
黑龙江省	Heilongjiang Sheng	230000	HL
上海市	Shanghai Shi	310000	SH
江苏省	Jiangsu Sheng	320000	JS
浙江省	Zhejiang Sheng	330000	ZJ
安徽省	Anhui Sheng	340000	AH
福建省	Fujian Sheng	350000	FJ
江西省	Jiangxi Sheng	360000	JX
山东省	Shandong Sheng	370000	SD
河南省	Henan Sheng	410000	HA
湖北省	Hubei Sheng	420000	HB
湖南省	Hunan Sheng	430000	HN
广东省	Guangdong Sheng	440000	GD
广西壮族自治区	Guangxi Zhuangzu Zizhiqu	450000	GX
海南省	Hainan Sheng	460000	HI
重庆市	Chongqing Shi	500000	CQ
四川省	Sichuan Sheng	510000	SC
贵州省	Guizhou Sheng	520000	GZ
云南省	Yunnan Sheng	530000	YN
西藏自治区	Xizang Zizhiqu	540000	XZ
陕西省	Shaanxi Sheng	610000	SN
甘肃省	Gansu Sheng	620000	GS
青海省	Qinghai Sheng	630000	QH
宁夏回族自治区	Ningxia Huizu Zizhiqu	640000	NX
新疆维吾尔自治区	Xinjiang Uygur Zizhiqu	650000	XJ
台湾省	Taiwan Sheng	710000	TW
香港特别行政区	Hongkong Tebiexingzhengqu	810000	HK
澳门特别行政区	Macau Tebiexingzhengqu	820000	MO

市级和县级的代码表以上海市所辖区县为例，上海（310000 SH）代码表见表2-8。

表 2-8　上海市（310000 SH）代码表

名称	罗马字母拼写	数字代码	字母代码
市辖区	Shixiaqu	310100	
黄浦区（新）	Huangpu Qu	310101	HGP
徐汇区	Xuhui Qu	310104	XHI
长宁区	Changning Qu	310105	CNQ
静安区（新）	Jingan Qu	310106	JAQ
普陀区	Putuo Qu	310107	PTO
虹口区	Hongkou Qu	310109	HKQ
杨浦区	Yangpu Qu	310110	YPU
闵行区	Minhang Qu	310112	MHQ
宝山区	Baoshan Qu	310113	BSQ
嘉定区	Jiading Qu	310114	JDG
浦东新区	Pudong Xinqu	310115	PDX
金山区	Jinshan Qu	310116	JSH
松江区	Songjiang Qu	310117	SOJ
青浦区	Qingpu Qu	310118	QPU
奉贤区	Fengxian Qu	310120	FXI
崇明区	Chongming Qu	310151	CMI

2. 产地县级以下行政区域代码

依据 GB/T 13923—2006《国土基础信息数据分类与代码》，耕地用地代码为 810300。

依据 GB/T 10114—2003《县级以下行政区划代码编制规则》规定，县级以下行政区域代码采用 2 层 9 位的层次码结构，县级以下行政区划代码见图 2-14。

第一层代表县级及县级以上行政区域代码，由 6 位数字组成；第二层表示县级以下行政区域代码—街道（地区）办事处、镇、乡代码（第 2 段 3 位代码），采用 3 位数字组成，具体划分为：

——001～099 表示街道（地区）；

——100～199 表示镇（民族镇）；

——200～399 表示乡、民族乡、苏木（苏木作为内蒙古自治区的基层行政区域单位，在本标准中按乡来对待）。

县级以下行政区域代码表见表 2-9。

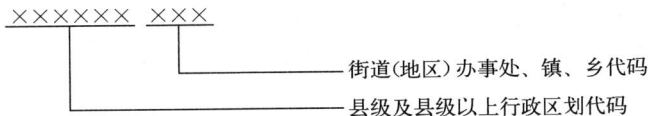

图 2-14 县级以下行政区域代码示例

注：1. 县级以下行政区划代码应按隶属关系和上述 "001～399" 代码所代表的区划类型，统一排序后进行编码；

2. 在编制县级以下行政区划代码时，当只表示县及县以上行政区划时，仍然采用 2 层 9 位的层次码结构，此时图 2-14 所示代码结构中的第 2 段应为 3 个数字 0，以保证代码长度的一致性。

表 2-9 县级以下行政区域代码表

名称	代码
……	……
××市	×××00000
市辖区	×××01000
××区	×××××000
××街道（或地区）	×××××001
……	……
××镇（或民族镇）	××××××1××
……	……
××乡（或民族乡、苏木）	××××××2××
……	……
××市（县级）	×××××000
××街道	×××××001
……	……
××镇（或民族镇）	××××××1××
……	……
××乡（或民族乡、苏木）	××××××2××
……	……
××县	×××××000
××街道	×××××001
……	……
××镇（或民族镇）	××××××1××
……	……
××乡（或民族乡、苏木）	××××××2××
……	……

对于不属于行政区划范畴的政企合一单位（农场、林场、牧场等），当需要对其所在区域进行编码时，可参照 GB/T 10114—2003《县级以下行政区划代码编制规则》。第一层代表县级及县级以上行政区域代码，由6 位数字组成；第二层表示该牧场或农场，在 001～399 以外采用 3 位数字。具体信息可在 http：//www.mca.gov.cn/article/sj/（中华人民共和国民政部-民政数据-行政区划代码）查询。例如，黑龙江省佳木斯市桦南县曙光农场的行政区划代码为：230822500。

3. 第 3～5 段代码

（1）村代码　第 3 段为村代码，由所属乡镇进行编订。具体信息可在 http：//www.mca.gov.cn/article/sj/（中华人民共和国民政部-民政数据-行政区划代码）查询。例如，黑龙江省佳木斯市桦南县明义乡团结村的行政区划代码为：230822214216。

（2）农产品产地的分类代码　第 4 段为农产品产地属性代码，依据 GB/T 13923—2006《基础地理信息要素分类与代码》中规定的编码结构和要素分类，编码结构表见表 2-10。

（3）单元顺序码　第 5 段为单元顺序码，具体由其所属行政村编订。

表 2-10　编码结构表

码位	类别
6 位编码	大类（1 位码）
	中类（1 位码）
	小类（2 位码）
	子类（2 位码）

4. 国有农场产地编码

NY/T 1761 中"5.2.2.2 产地编码"对国有农场产地编码方法有特殊规定，国有农场产地编码采用 31100＋全球贸易项目代码＋7 位地块（圈、舍、池或生产线）代码组成。地块（圈、舍、池或生产线）代码采用固定递增格式层次码，第 1 位和第 2 位代表管理区代码，第 3 位和第 4 位代表生产队代码，第 5 位至第 7 位代表地块顺序代码。

国有农场产地编码应由 14 位代码组成，国有农场产地编码结构示例见图 2-15。

例如，黑龙江省佳木斯市桦南县明义乡团结村 2 号地的编码为：230822214216××××。

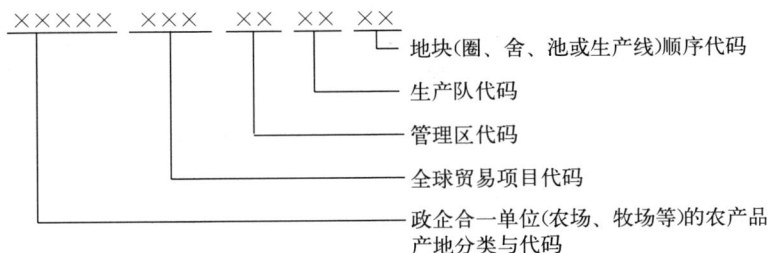

图 2-15 国有农场产地编码结构示例图

四、产品编码

【内容解读】

NY/T 1761 中"5.2.2.3 产品编码"规定"采用组合码对农产品进行分级分类、编码管理。"

产品编码是追溯码中重要组成部分,可采用 2 位数字码,即使产品品种不满 10 个,为了考虑今后品种的增加,可设立 2 位数字码,个位数字是现行产品品种代码,十位数字为"0",作为预留品种代码。

1. 产品编码原则

(1) 唯一性原则 对同一商品项目的产品应给予相同的产品标识代码。基本特征(主要包括商品名称、商标、种类、规格、数量、包装类型等)相同的商品视为同一商品项目。对不同商品项目的产品应给予不同的产品标识代码。

(2) 无含义性原则 产品代码中的每一位数字不表示任何与商品有关的特定信息。

(3) 稳定性原则 产品代码一旦被分配,只要产品基本特征没变化,就应保持不变。

2. 小麦粉代码

依据 GB/T 7635.1—2002《全国主要产品分类与代码 第 1 部分:可运输产品》,小麦粉、面条分类代码表见表 2-11。

表 2-11 小麦粉、面条分类代码表

代码	产品名称	说明
23	谷物碾磨加工品、淀粉和淀粉制品;豆制品;其他食品和食品添加剂;加工饲料和饲料添加剂	

（续）

代码	产品名称	说明
231	谷物碾磨加工品	大米和小麦等谷物粉制品入代码 237
2311	小麦或混合麦细粉	小麦粗粉和粗粒入代码 2313
23111	小麦精制粉	用 GB 1355—1986 的产品名称和分类
23111·011	小麦特制一等粉	
23111·012	小麦特制二等粉	
23112	小麦专用粉	
23112·011	面包粉	
23112·012	面条粉	
23112·013	馒头粉	
23112·014	饺子粉	
23112·015	酥性饼干粉	
23112·016	发酵饼干粉	
23112·017	蛋糕粉	
23112·018	糕点粉	不包括蛋糕粉
23112·021	自发粉	
23113	小麦普通粉	又称小麦标准粉
23114	小麦次粉	
23115	全麦粉	
23116	混合麦粉	
2313	去壳的小麦、小麦的粗粉和粗粒	
23131	去壳的小麦	
23132	小麦的粗粉	
23133	小麦的粗粒	
237	通心粉、面条和类似的谷物粉制品等	包括古斯古斯面，即北非的粉蒸羊肉、粉蒸鸡；面包、饼干除外
2371	未包馅或其他方法制作的生面食、米粉制品等	包括含蛋生面食
23711	小麦粉制品、大米粉制品	

（续）

代码	产品名称	说明
23711·010～·199	小麦粉制品	
23711·011	挂面	
23711·012	切面	
23711·013	线面	
23711·014	通心粉	
23711·015	饺子皮	
23711·016	馄饨皮	

五、批次编码

【内容解读】

NY/T 1761 中"5.2.2.4 批次编码"规定，"采用并置码对农产品的批次进行编码管理。批次编码应包括生产环节、设施、日期、数量等信息。"

1. 采收批次编码

小麦收获时应按批次进行编码，并记录相关信息。当每天仅有一个采收批次时，采收批次代码可用收获日期代码；当每天有多个采收批次时，应对不同批次进行编码。采收批次代码可由采收日期加批次组成，批次代码为数字。采收批次档案可使用汉字，其内容应至少包括以下信息：姓名（户名或组名）、采收区域、采收面积、采收品种、采收数量、采收标准等。

2. 收购批次编码

小麦粉加工企业在收购小麦时应对收购批次进行编码，并记录相关信息。当每天仅有一个收购批次时，收购批次代码可用收购日期代码；当每天有多个收购批次时，应对不同批次进行编码。收购批次代码可由收购日期加批次组成，批次代码为数字。收购批次编码档案可使用汉字，其内容应至少包括以下信息：小麦交售者及种植者、收购时间、收购地点、数量、收购标准等。

3. 加工批次编码

小麦粉加工企业在加工产品时应对加工批次进行编码，并记录相关信息。当每天仅有一个加工批次时，加工批次代码可用加工日期代码；当每天有多个加工批次时，应对不同批次进行编码。加工批次代码可由加工日期加批次组成，批次代码为数字。加工批次编码档案可使用汉字，其内容应至少包括以下信息：小麦来源、加工时间、加工生产线、分级、小麦粉库编号、配粉比例等。面条还应有面条专用粉来源、加工用水、食品添加剂和烘干等。

4. 包装批次编码

加工企业在包装产品时应对包装批次进行编码，并记录相关信息。当每天仅有一个包装批次时，包装批次代码可用包装日期代码；当每天有多个包装批次时，应对不同批次进行编码。包装批次代码可由包装日期加批次组成，批次代码为数字。包装批次编码档案可使用汉字，其内容应至少包括以下信息：产品名称、等级、规格、产品检测结果、包装数量。

5. 分包设施编码

加工企业应对不同分包设施进行编码，分包设施可采用数字码。例如，少于 10 个，则用 1 位数字码表示；如果多于 10 个，则用 2 位数字码表示。分包设施编码档案可使用汉字，其内容应至少包括以下信息：位置、防潮状况、卫生条件。

六、销售编码

【内容解读】

销售编码的销售主体是生产者或销售者。编写方式有以下 2 种：

1. 企业编码的预留代码位加入销售代码

生产者编写销售代码时，可在完成生产后由小麦粉或面条生产经营主体的销售部门编写。可在 NY/T 1761 提到的"国内贸易追溯码"5 个代码段——农业生产经营主体代码、产品代码、产地代码、批次代码、校验码中，将销售者代码编入"农业生产经营主体代码"的预留代码位中，位于生产者之后。也就是说，农业生产经营主体代码是由生产和销售两个主体组成。

销售代码采用数字码为宜。预留代码位数由销售者数量决定，预留 1 位可编入 9 个销售者，预留 2 位可编入 99 个销售者。销售代码可表示销售地区或销售者。若销售者为批发商，则销售代码可表示销售者；若销售者为相对固定的批发商或零售商（如生产企业的直销店），则销售代码可表示销售者。若销售者为相对不固定的零售商，则销售代码可表示销售地区。无论表示销售地区或销售者，都应在质量安全追溯工作规范中表明代码的销售地区或销售者具体名称，以规范工作实施可追溯，同时也可防止假冒。当销售代码含义改变，由原来销售地区或销售者改为另一个时，必须修改原质量安全追溯工作规范中的代码含义。因有批次代码配合，修改销售代码含义不会影响可追溯。

销售编码是追溯码中最后需确定的代码，销售编码完成后通过校验码的软件计算确定校验码，整个追溯码即完成，追溯码可委托编码公司或生产经营者主体自行完成。

例如，上海市黄浦区某集团公司下属的小麦粉加工厂（仅一条生产线，每天生产 5 个批次）于 2019 年 12 月 23 日生产的第 3 批次小麦粉。追溯码编码如下：

农业生产经营主体代码：该集团公司代码为 1，下属加工厂为 01（预留 99 个加工厂），销售代码为 01（预留 99 个销售商）。在农产品生产经营主体的质量安全追溯工作规范中应写明下属加工厂的代码、销售商的代码，则该小麦粉加工厂的代码为 10101。

产品代码：小麦特制一等粉为 023111011（见表 2 - 11）。

产地代码：上海市黄浦区为 310101（见表 2 - 9）。

批次代码：由生产日期和批次号组成。生产日期为 6 位数，即年份的后 2 位、月份和日的各 2 位组成，因此，生产日期为 191223。该厂每天生产批次不超过 9 个批次，批次仅用 1 位数字。因此，批次代码段为 1912233。

校验码：以上代码依次为 101010231110113101011912233，共 27 位，按表 2 - 11 校验码的计算方法，计算结果为 4。

因此，该追溯码为 1010102311101131010119122334，共 28 位。

2. 在企业编码外标出销售代码

生产企业完成追溯码时，产品储存在产品库待销。若遇到临时的批发商或零售商提货时，则销售者可在追溯码外标注销售代码，表示销售者，同时保留原追溯码，反映生产者。

同样，生产企业应在销售记录中表明该产品销售的去向信息，以规范工作实施可追溯，同时也可防止假冒。

【实际操作】

服务业代码可依据 GB/T 7635.2—2002《全国主要产品分类与代码第 2 部分：不可运输产品》，有关小麦粉或面条销售的服务业代码见表 2 - 12。

表 2 - 12　服务业代码

代码	服务业
61129	未另归类的食品的批发业服务
62129	非专卖店零售未另归类的食品提供的服务
62229	专卖店零售未另归类的食品提供的服务

第五节　关键控制点

关键控制点（critical control point，CCP）的定义为能够进行控制，并且该控制为防止、消除某一食品安全危害或将其降低到可接受水平时必需的某一步骤。

一、设置原则

【标准原文】

6.1　设置原则

6.1.1　在生产、加工、销售环节中与产品质量安全有关的单元设置关键控制点。

6.1.2　关键控制点应有具体的临界值，并可定量检验和判定。

【内容解读】

1. 关键控制点（CCP）设置原则

① 设在小麦种植、小麦粉或面条加工过程中与质量安全有关的工序段，不设在具体的危害安全项目上；

② 设置在工艺或工序条件不稳定的工序段；

③ 设置的安全危害项目必须是企业可控的。

2. 临界值和检验方法的确定

（1）确定监控项目（参数）　通过对种植、加工、储藏、运输至销售的生产全过程各关键控制点的危害分析，鉴别危害物的属性和确定危害物的名称，即确定监控项目（参数）。对每个关键控制点应有具体的临界值，并保证其有效性；每个关键控制点的控制措施可有一个或多个。关键控制点的临界值必须建立在科学的基础上，依据法律法规、农业农村部公告文件、有关标准中质量安全要求设定。

（2）确定监控项目（参数）的限量值和监测方法 应执行小麦粉及面条的产品标准、绿色食品标准、有机农产品标准、食品安全国家标准，以及农业农村部公告中规定的重金属、农残、微生物、食品添加剂等参数的检验方法和限量值。

（3）确定小麦收购和产品出厂检验项目（参数） 建立每批次检验制度并确立在何种情况下需要型式检验，以及一年做几次型式检验。

二、设置单元

【标准原文】

6.2 设置单元

小麦粉生产应在小麦种植、小麦收购检验、小麦原料库存、加工生产中的清理、制粉和配粉、产品检验、包装、储运单元设置。面条生产应增加面条专用粉检验、面条制作和面条检验储存单元。

【内容解读】

1. 关键控制点（CCP）设置的条件

（1）设置在与安全有关的工序段 关键控制点（CCP）设置在小麦粉、面条生产链可能存在某种危害的某个工序段上，并且在这工序段危害能被控制。

如关键控制点（CCP）设置在小麦粉生产链的种植环节、加工环节、销售环节等工序段。这些工序段上可能存在农药、肥料、灌溉水、加工用水、微生物等危害，而且这些工序段上的危害能被控制。

（2）设置在工序条件不稳定的工序环节点 关键控制点（CCP）设置在采用受环境变化的工序环节点，如采用浅层地下水或地表水的小麦灌溉水工序环节点。

（3）设置在农产品生产链中可控的工序环节点 设置的这个关键控制点（CCP），应能提供该工序段的危害监控项目、临界限量值、监测方法、可采取的控制（预防）措施、纠偏措施、效果（验证）核查和信息记录7个要素。

信息记录按信息采集点的采集要素要求进行记录。

注意：如果该工序段没有危害监控项目的临界值，或可采取的监控方法（工艺技术控制措施、监测方法）、控制（预防）措施，那么这个工序段就不是关键控制点（CCP）。

2. 关键控制点设置的 5 点注意事项

（1）仅与感官、品质、分等分级有关的工序段不设　例如，小麦的品质、等级等。

（2）仅与环节信息有关的工序段不设　例如，小麦种植管护工序段（该工序段作为信息采集点，不作为关键控制点）。

（3）同一个安全项目涉及多个工序段，则每个工序段都设　例如，小麦的农药残留项目，应设在小麦的田间管理、采收、产品检验 3 个工序段。

（4）有符合认证产品的产地环境监测评价合格报告，且周围又无新增污染源，则可不设　但农田灌溉水、加工用水，必须有当年符合认证产品产地环境质量标准的相应水质的监测报告。

（5）生产企业不可控的项目不设　例如，自然降水。

【实际操作】

1. 小麦粉、面条生产过程中的关键控制点设置

小麦粉或面条从生产、加工到销售，几乎每个环节都可能引入危害，影响最终产品质量安全。步步设防代价高昂，但是完全依赖产品的质量检测又不可能确保产品质量安全。因此，建立农产品质量安全追溯系统，必须对产业工艺流程的各阶段可能产生的危害进行识别。通过设定关键控制点来控制危害，是一种行之有效的途径。收集和确定有关的危害以及导致危害产生和存在的条件，评估危害的严重性和危险性，以判定危害的性质、程度和对人体健康的潜在性影响。

根据追溯产品的种植、加工、储存运输至销售的生产全过程，按工序段顺序制作成生产流程图（图 2 - 16），根据各个步骤列出预期可能产生的所有危害。

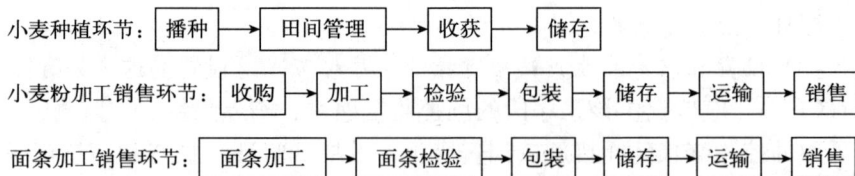

小麦种植环节：播种 → 田间管理 → 收获 → 储存

小麦粉加工销售环节：收购 → 加工 → 检验 → 包装 → 储存 → 运输 → 销售

面条加工销售环节：面条加工 → 面条检验 → 包装 → 储存 → 运输 → 销售

图 2 - 16　小麦粉、面条生产流程图

小麦粉、面条生产过程中的危害可以分为化学危害、物理危害和生物危害。

（1）化学危害　化学危害的主要来源途径为生产过程中化学投入品、

化学污染和产地环境3个方面。小麦原料种植生产中不可避免会使用化学投入品,如农药、化肥等,但过量使用化学投入品会带来一定的危害。化学污染危害存在着多种情况,如在农药中含有违禁剧毒农药、在肥料中含有重金属杂质等。产地环境是农产品质量的根本,农田土壤、灌溉水中各种有毒有害物质,包括重金属、农药残留等无机或有机化合物,都可以通过植物吸收等途径进入农产品中,造成农产品质量安全隐患。

(2)物理危害 物理危害主要存在于小麦原料收获环节,原料中混入杂质(矿物质)等,在小麦粉加工环节,产品在生产线上可能混入磁性金属物,在包装过程中可能会混入异物产生的物理性污染。在运输过程中的不洁容器的使用,也会造成产品污染。

(3)生物危害 生物危害的来源多种多样。由于储藏和运输过程中不恰当的操作,会导致微生物的污染,微生物在适宜的条件下大量繁殖并产生毒素,从而引起生物危害。

当前,小麦粉、面条质量安全的主要危害来自农药残留超标、重金属含量超标。其中,农残主要是使用的农药、周边环境、灌溉水、土壤残留等造成的农药类残留;重金属污染主要是灌溉水、"三废"、肥料及土壤本身的残留等造成的镉、砷、铅、铬的残留。

关键控制点(CCP)设置是通过对产品生产全过程的各工序段,可能存在的危害进行分析(HA)及危害程度评估来确定的。

生产全流程危害分析(HA)有3个作用:

(1)鉴别危害物的属性 鉴别是属于物理性污染、化学性污染,还是属于生物性污染,确定其危害物的名称,即控制目标。

(2)分析危害物产生的原因 分析是违规使用(禁用)、超范围使用(如不适用于小麦生产的农药被使用)或不正确使用投入品(如配制方法或使用方法不当、未过安全间隔期等),还是环境污染(如水质污染)产生的,有助于识别危害途径、制定控制措施。

(3)确定危害物产生的工序段,即关键控制点 确定危害物产生于哪个工序段;是一种危害物产生于多个工序段,还是多种危害物产生于一个工序段。从而,确定在哪些工序段设置为关键控制点。

2. 临界值的定量检验和判定

对农产品安全生产的各个环节,国家制定了相应的法律法规和规范标准。《中华人民共和国农产品质量安全法》从农产品产地、农产品生产、农产品包装和标识以及监督检查等几个方面作了要求。从具体的技术标准来看,以小麦生产为例,农田环境质量标准有 GB 15618—2018《土壤环境质量 农用地土壤污染风险管控标准(试行)》、GB 5084—2005《农田灌溉水质标准》、GB 3095—2012（XG1—2018）《环境空气质量标准》；在农资方面，种子质量有 GB 4404.1—2008《粮食作物种子 第 1 部分：禾谷类》等；在农药质量方面有《农药管理条例》，合格的农药应该都具有农药登记证、生产许可证和产品标准证。与农药类似，合格的肥料也应该有生产许可证、肥料登记证和产品质量合格证。肥料种类多样，每类产品都具有相应的行业标准，如 GB/T 15063—2009《复混肥料（复合肥料）》、GB/T 2440—2017《尿素》、GB/T 2946—2018《氯化铵》、NY 227—1994《微生物肥料》等。在选择农业生产资料时，应当根据合适的标准选择合格的产品。在农业生产的种植管理中，国家认证认可监督管理委员会颁布了《良好农业规范》，农业农村部也根据农产品的品种颁布了许多种类的生产技术规程、行业标准及 GB/T 8321《农药合理使用准则》系列标准指导农药的合理使用。农业生产中氮肥的过量使用，将导致农业面源污染和农产品中硝酸盐超标。目前，肥料施用规程有 NY/T 394—2013《绿色食品 肥料使用准则》，该准则限制在农业生产中过多施用肥料，保证绿色食品品质。

目前，对小麦粉及面条生产、储存和运输过程中的卫生标准、添加剂使用、储藏的温度和湿度、销售包装等都有相关的技术规范，并作了详细的规定，如 GB 2715—2016《食品安全国家标准 粮食》、GB 13122—2016《食品安全国家标准 谷物加工卫生规范》、GB 14880—2012《食品安全国家标准 食品营养强化剂使用标准》、GB 14881—2013《食品安全国家标准 食品生产通用卫生规范》、NY/T 1056—2006《绿色食品 贮藏运输准则》等。

在农产品包装方面，GB/T 17109—2008《粮食销售包装》、GB/T 24905—2010《粮食包装 小麦粉袋》、GB/T 191—2008《包装储运图示标志》等规范了包装和标识。

在临界值的定量检验和判定方面，依据产品标准所规定的检验项目及对应的检测方法、限量标准进行。例如，获得绿色食品认证的可追溯小麦粉，执行的标准是 NY/T 421—2012，其中所设关键控制点中控制目标的临界值及其定量检验和判定如表 2-13 所示。

表 2-13 依据《绿色食品 小麦粉和全麦粉》产品认证检验必检项目

序号	检验项目	限量		检测方法
		小麦粉	全麦粉	
1	铅，mg/kg	≤0.2		GB 5009.12
2	镉，mg/kg	≤0.1		GB 5009.15

（续）

序号	检验项目	限量		检测方法
		小麦粉	全麦粉	
3	溴氰菊酯，mg/kg	≤0.2		GB/T 5009.110
4	氰戊菊酯，mg/kg	≤0.2	≤2	GB/T 5009.110
5	黄曲霉毒素 B_1，μg/kg	≤5.0		GB 5009.22
6	脱氧雪腐镰刀菌烯醇，μg/kg	≤1 000		GB 5009.111
7	玉米赤霉烯酮，μg/kg	≤60		GB 5009.209
8	总砷，mg/kg	≤0.4		GB 5009.11
9	甲拌磷，mg/kg	≤0.01		GB/T 5009.145
10	乐果，mg/kg	≤0.02		GB/T 5009.145
11	磷化物（以 PH_3 计），mg/kg	≤0.02		GB/T 5009.36
12	氯化苦，mg/kg	≤0.05		GB/T 5009.36
13	溴酸钾，mg/kg	<0.5		GB/T 20188
14	过氧化苯甲酰，mg/kg	<0.5		GB/T 22325

注：各农残检测项目除采用表中所列检测方法外，如有其他国家标准、行业标准以及部文公告的检测方法，且其检出限和定量限能满足限量值要求时，在检测时可采用。

根据图 2-16 的小麦粉及面条生产流程，结合上文所述的危害分析，可以确定小麦粉及面条生产全过程的关键控制点的危害分析单为表 2-14 所示。

第六节　信息采集

追溯信息、信息采集点以及信息采集方式是解读后续内容的基础。因此，在解读信息采集之前，先对其进行释义。信息的规范、完整、真实、准确是保证质量安全追溯顺利进行的基本条件，信息记录以及电子信息录入的要求将在本节一一展开叙述。

一、追溯信息

每项社会活动所需采集的信息依据于其所要达到的目的，农产品质量安全追溯的目的是产品的可追溯性，以便产品发生质量安全问题时，根据追溯信息确定问题来源、原因及责任主体。因此，它有独特的信息要求，而不同于普通的企业管理。追溯信息主要分为环节信息、责任信息和要素信息 3 种，生产经营主体在实施质量安全追溯前应先明确其要求。

表 2-14 小麦粉及面条生产加工工艺流程关键控制点的危害分析单

关键控制点	加工工序	本工序被引入或增加的潜在危害	是否为显著危害	判定依据	能用于显著危害的控制措施	是否为关键控制点
CCP1	播种、田间管理环节	小麦拌种、农药和化肥不合理使用、存在农药残留、重金属超标；若采用浅层地表水或地面水作为农田灌溉水、存在农药残留、重金属等污染物超标的潜在危害风险	是	GB 2763—2019《食品安全国家标准 食品中农药最大残留限量》；GB/T 8321《农药合理使用准则》系列国家标准；NY/T 393《绿色食品 农药使用准则》；农业部公告第 194 号、第 199 号、第 671 号等；GB 5084《农田灌溉水质标准》；NY/T 391—2013《绿色食品 产地环境质量》	建立农业投入品采购、供应、使用管理制度，GB/T 8321《农药合理使用准则》系列国家法律法规和标准规范农业投入品使用；严格按小麦种植生产技术操作规程等要求组织生产；使用的农业投入品应有产品登记证号或生产许可证号、产品生批准文号或产品生产批次号、有效成分及含量；严格遵守安全间隔期或采收期；建立农田灌溉水源监测、管理制度，加强农田灌溉水质监测，若近期经检验符合 GB 5084《农田灌溉水质标准》或 NY/T391—2013 的深层地下水灌溉则不设	是
CCP2	收购环节	采收时间未超过农药等投入品的安全间隔期；原料库存有可能存在物理性的杂质、生霉、已发生的霉变、黄曲霉毒素等风险	是	农药等投入品的安全间隔期；收购检验按照 GB 1351—2008《小麦》、NY/T 421—2012 要求	采收期间严禁使用农药、禁止在农药等投入品的安全间隔期内进行采收，严格按小麦生产技术操作规程等要求进行收购检验	是

（续）

关键控制点	加工工序	本工序被引入或增加的潜在危害	是否为显著危害	判定依据	能用于显著危害的控制措施	是否为关键控制点
CCP3	加工环节	若加工用水不符合 GB 5749《生活饮用水卫生标准》，易造成重金属和微生物超标的风险，影响产品质量安全；小麦的有机、无机杂质清理不符合要求，磁性金属物含量超 GB/T 1355《小麦粉》的规定要求会影响产品质量安全；添加剂的使用若控制不好添加量、添加物过量，或超范围使用均不符合 GB 2760—2014《食品安全国家标准 添加剂使用标准》的要求，可能会造成食品安全事故对人体健康带来伤害风险	是	加工用水应当符合 GB 5749《生活饮用水卫生标准》的要求；加工应符合 GB/T 1355《小麦粉》；GB 2760—2014《食品安全国家标准 添加剂食品》；NY/T 392—2013《绿色食品 食品添加剂使用准则》	建立加工用水水源和输送管理制度，加强加工用水水质监测；若近期经检验符合 GB 5749《生活饮用水卫生标准》则不设。加工清理生产线严格监控，规范操作，设备异常情况及时处理，并记录。按要求进行配粉，按规范要求合理使用，成品进行检验	是
CCP4	包装环节	包装过程中环境不洁、温度控制不当易导致小麦粉、面条污染，包装材料选用不当为潜在污染源等	是	NY/T 421—2012；NY/T 1512—2014《绿色食品 生面食、米粉制品》；GB 2762—2017《食品安全国家标准 食品中污染物限量》；GB 2763—2019《食品安全国家标准 食品中农药最大残留限量》；NY/T 658—2015《绿色食品 包装通用准则》等	建立包装管理制度，加强包装环境和卫生管理，定期对人员和器具杀菌	是

（续）

关键控制点	加工工序	本工序被引入或增加的潜在危害	是否为显著危害	判定依据	能用于显著危害的控制措施	是否为关键控制点
CCP5	产品检验	检验小麦粉、面条的重金属、农药残留、添加剂安全指标是否超标，规避对人体健康带来伤害风险	是	NY/T 421—2012《绿色食品 小麦及小麦粉》；NY/T 1512—2014《绿色食品 生面食、米粉制品》；GB 2762—2017《食品安全国家标准 食品中污染物限量》；GB 2763—2019《食品安全国家标准 食品中农药最大残留限量》；GB 2760—2014《食品安全国家标准 食品添加剂使用标准》；NY/T 392—2013 等	建立出厂检验和型式检验制度，并将检验报告和原始记录存档	是
CCP6	储存运输	若存在存储温湿度不符合要求易发生霉变，运输工具不卫生易发生交叉污染的风险	是	NY/T 421—2012；NY/T 1512—2014；GB 2762—2017《食品安全国家标准 食品中污染物限量》；GB 2763—2019《食品安全国家标准 食品中农药最大残留限量》；NY/T 1056—2006《绿色食品 贮藏运输准则》等	建立仓储、监控、验收管理制度，仓储温湿度、湿度监控管理和每批次监测	是

（一）环节信息

所谓环节，指在农产品生产加工流通过程中农产品物态场所相对稳定、生产工艺条件相对固定、责任主体相对明确的组织。这是划分环节的原则，每个企业可以有所不同。小麦粉生产企业可以分为小麦种植、加工销售两个相互独立的生产环节。种植生产环节又可包括小麦种植、田间管理、收购检验、小麦原料库存 4 个单元；加工销售生产环节包括收购检验、加工清理、制粉和配粉、产品检验、包装、储存、运输、销售 8 个单元；面条生产还需增加面条专用粉检验、面条制作、面条检验、储存 4 个单元。

环节信息在纸质记录上应确切写明环节及其上游单位的名称或代码（该代码应在管理文件中注明其含义）。例如，一个小麦粉加工企业有 3 个种植基地，每个基地有 5 个区域，均按要求实施统一的种植模式，则该企业组成 3×5＝15 个环节。编码某区域时，如第 1 种植基地第 5 区域，电子信息代码可编码为 105。

在电子信息中环节由一个或多个组件构成。以上所述 15 个环节，可组成 15 个组件。

（二）责任信息

责任信息是指能界定质量安全问题发生原因以外的信息，即记录信息的时间、地点和责任人。纸质记录信息的时间应尽量接近于农事活动的时间且准确记录，这就要求农事活动结束后要及时准确地记录；同时，纸质记录也应及时且准确地录入追溯系统。这样，电子信息反映的就是真实的农事活动。鉴于农业活动的特殊性，纸质记录最迟也应于产品销售前全部录入追溯系统。

地点是指记录地点，一般来说，记录地点与环节一致，而在纸质记录上被省略。

责任人是指进行纸质信息记录的人员和电子信息的录入人员。在记录外购生产投入品时，应记录供应方的信息，以表示其责任。例如，外购农药应记录供应方的生产许可证号或批准文号（若进口农药，则为进口农药注册证号）、登记证号、产品批次号或生产日期。若生产经营主体购买没有生产许可证号的非法厂商生产的农药且造成质量安全事故，则该厂商承担非法生产责任，生产经营主体承担购买非法产品的责任。登记证号是指该农药适用于何种植物，若登记作物为蔬菜，误用于小麦且造成质量安全事故，则生产经营主体承担责任。产品批次号或生产日期是界定该农药是

67

农药生产厂商生产的哪一批次或哪一天生产的；以便在由有资质的检验机构确定该批次或该天生产的农药有无质量问题，而不是让检验机构检验生产的全部农药产品。因此，生产许可证号或批准文号（若进口农药，则为进口农药注册证号）、登记证号、产品批次号或生产日期是外购农药的不可或缺的责任信息。

（三）要素信息

要素信息是指国家法律法规要求强制记录的信息以及影响追溯产品质量安全的信息。现分述如下：

1. 国家法律法规要求强制记录的信息

依据国家有关规定确定要素信息。以农药为例，中华人民共和国国务院令第 677 号《农药管理条例》中规定，农产品生产企业、食品和食用农产品仓储企业、专业化病虫害防治服务组织和从事农产品生产的农民专业合作社等应当建立农药使用记录，如实记录使用农药的时间、地点、对象以及农药名称、用量、生产企业等。这些内容都影响到蔬菜的农药残留问题。

2. 影响追溯产品质量安全的信息

（1）依据国家有关规定确定要素信息　例如，使用农药，中华人民共和国国务院令第 677 号中规定，对于农药生产者，用于食用农产品的农药的标签还应当标注安全间隔期。农药使用者应当遵从安全间隔期采收产品，以免造成质量安全事故。

（2）依据国家食品安全规定食品添加剂可用于加工农产品也可用于种植业或养殖业农产品，但添加剂的使用应禁止超范围、超量使用　例如，水分保持剂焦磷酸二氢二钠可用于杂粮粉，不准用于小麦粉；漂白剂焦亚硫酸钠可用于食糖、葡萄酒，不准用于小麦粉和大米；增稠剂决明胶在小麦粉制品中最大使用限量为 $3.0\,\mathrm{g/kg}$。

二、信息采集点

（一）合理设置信息采集点的方法

1. 在质量安全追溯的各个环节上设置信息采集点

例如，小麦种植环节的信息采集点包括小麦种植、收购检验。加工销售环节的信息采集点包括小麦原料库存、加工清理、产品检验、包装、储运销售 5 个信息采集点。

2. 依据追溯精度保留或合并多个信息采集点

例如，小麦粉加工企业有 3 个小麦种植基地，每个种植基地有 6 个种植户。当追溯精度为种植基地时，且各种植基地均按要求实施统一的种植模式，则设置 3 个信息采集点，再加上农业资料购买部、原粮收购、原粮储存，共 6 个信息采集点。若追溯精度为种植户组，且按 3 个种植户编组较易于生产管理，则这个种植基地内每 3 个种植户合并为一个信息采集点，生产部门共有 6 个信息采集点，再加上农业资料购买部、原粮收购、储存，共 9 个信息采集点。

3. 若同一环节内的要素信息有不同责任主体，则除了以上环节信息采集点外，还应在环节中设置要素信息采集点

例如，小麦加工企业的种植环节中农药采购不是由种植户负责，由专门的农药采购部门负责，则应增加农药采购信息采集点。

4. 若某工艺段同时可设为环节信息采集点和要素信息采集点，则仅设一个信息采集点

例如，小麦加工企业在加工清理工艺段中，可合并设一个信息采集点。在加工清理信息采集点上既采集环节信息，又采集要素信息。

（二）设置信息采集点时需注意事项

1. 与质量安全无关的工艺段，不设信息采集点

例如，小麦种植过程中播种技术、栽培技术是使小麦高产的关键，却与质量安全无关，并不影响产品标准规定的质量。由此可见，质量安全追溯不同于"全面质量管理"。

2. 一台计算机可用于若干信息采集点

多个信息采集点的纸质记录，利用一台计算机进行录入，则计算机数量可以少于信息采集点数量。

3. 信息采集点不应多设，也不应漏设

多设会使信息采集烦琐，漏设会使信息缺失、断链乃至质量追溯无法进行。

4. 同一质量安全项可发生在数个工艺段上，应设数个信息采集点

例如，小麦粉中重金属残留可发生在田间管理、采收、检验 3 个工艺段，这 3 个工艺段都应设置信息采集点，以便追溯责任主体。

三、信息采集方式

（一）纸质记录

企业设计的纸质记录应为表格形式，便于内容规范，易于录入计算机等电子信息采集设备。该表格的形式应符合 GB/T 1.1—2020《标准化工作导则　第 1 部分：标准化文件的结构和起草规则》的规定，应具有表题、表头，所列内容齐全。

（二）电子记录

采用计算机或移动数据终端等采集信息，该信息通过局域网或移动数据终端传输。但应设备份，以免信息丢失或被篡改；还应打印成纸质，责任人签字后备案。

四、信息记录

（一）纸质记录要求

1. 真实、全面

（1）记录内容与生产活动一致　不应不记、少记、乱记农事活动及投入品使用情况。

（2）记录人真实　由实际当事人记录并签名，不同部门的记录人不可代签名。

（3）记录时间真实　形成内容应及时记录，不应事后追记。

（4）记录所有应该记录的信息　包括上述的环节信息、责任信息和要素信息。

（5）记录能与上一环节唯一性对接的信息，以实施可追溯　例如，农药使用记录表应有农药通用名、生产厂商、批次号（或生产日期）。这 3 项内容可与农药购买记录表上的农药通用名、生产厂商、批次号（或生产日期）唯一性对接，追溯时不至于追溯到其他农药、其他生产厂商生产的同名农药、同一生产厂商生产同名但不同批次的农药，保证质量安全追溯的顺利进行；否则，会造成质量安全追溯的中断或不能达到预想的效果。

2. 规范、及时

（1）格式化　首先，表题确切。每个表都应有一个表题，标明表的主题，如"农药使用信息表"。加入时间和环节信息则更好，如"2019 年第 1 基地农药使用信息表"，便于归档（以免烦琐地在表内或表下重复写入时间和环节信息）。

其次，表头包含全部信息项目。各项内容不重复、不遗漏；信息项目包括环节信息，生产链始端的环节（如农药使用记录）应符合追溯精度（如种植基地或种植户），生产链终端的环节（如销售记录）应符合追溯深度（如销售商或批发商）；每个环节信息应包含上游环节（可用名称或代码）的部分信息（通用名、生产商名称、产品批次号），可唯一性地追溯到上游（农药库或供应商），否则无法实施可追溯。要素信息，如工艺条件、投入品、检验结果等。责任信息，如时间、地点、责任人。环节信息和时间信息的年份可列于表题，表头仅涉及日期，对于数天完成的农事，应列出时间的起始。责任人可列于表头或表下。

再次，表头项目所有量值单位应是法定计量单位。单位应具体，同一项目的单位应一致，如亩、千克（或公斤）。

（2）记录清晰、持久 用不褪色笔，字迹清晰，每栏需记（若无内容，记"无"），用杠改法修改（用单线或双线划在原记内容上，且能显示原内容，修改人盖章或签字以示负责）。这样的记录使任何人无法篡改，只有记录人负责。

（3）上传追溯码前应具备所有纸质和电子记录。

（4）追溯产品投放市场前应具备所有纸质和电子记录。

（二）电子记录录入

1. 录入及时性

信息录入人员收到纸质记录后，应及时录入计算机，确保产品上市前信息录入完毕。

2. 录入准确性

① 准确地将纸质记录录入计算机等电子信息录入设备，因此电子信息应与纸质信息一致。

② 若录入人员发现纸质信息有误，应通知纸质记录人员按杠改法修改，计算机操作人员无权修改纸质记录。

（三）原始记录档案保存

① 原始记录应及时归档，装订成册，每册有目录，查找方便。

② 原始档案应有固定场所保存，有防止档案损坏、遗失的措施。

五、农业投入品信息采集

（一）肥料施用及其信息记录内容

1. 肥料种类

肥料分类方法有很多，按成分化学性质分为有机肥料、无机肥料和有机无机肥料；按养分数量分为单一肥料、配方肥料；按肥效分为速效肥料、缓效（缓释）肥料；按物理状态分为固体肥料、液体肥料等。这就造成了市场上出现各种各样的肥料名称。因此,应从农业生产角度分类,以便于实践施用。

(1) 从施用方式及目的进行分类

① 基肥 (底肥)。小麦播种前结合土壤耕作施用的肥料。其特点是施用量大,以有机肥和氮、磷、钾肥为主,除以上种类外可适量施用微量元素肥。

② 种肥。拌种时施用的肥料。多用有机肥、速效化肥或菌肥。

③ 追肥。植物生长发育期间追施的肥料。多用速效肥料,利用土壤追肥、叶面追肥。

(2) 从肥料来源进行分类

① 有机肥 (农家肥)。营养成分多样,且可改良土壤,常用作基肥。它可分为以下几种:

(a) 粪尿肥:包括人及畜禽粪尿。这种肥料施用前必须充分腐熟,以杀死其中细菌和寄生虫。腐熟方法应因地制宜,如北方多次拌土日晒,直至基本无臭味、无黏稠粪粒,也可适量拌用杀菌液制成土肥。但不可不拌土晒成干粪;南方高温多雨,可粪尿长期混存,也可适量拌用杀菌液制成水肥。工业生产时,可拌黏土 (红土或黑土),通过好氧发酵或厌氧发酵制成粒肥。

(b) 堆沤肥:包括畜禽圈舍粪尿拌以土、草、秸秆形成的厩肥,采用圈内堆沤腐熟方法或圈舍外堆沤腐熟方法;人及畜禽粪尿拌以生活污水、土、草、秸秆、适量石灰形成的堆肥,可采取日晒发酵;人粪尿拌以泥土和草、秸秆、绿肥等植物,在淹水状态下形成的沤肥,可采取长期存放发酵。

(c) 绿肥:作物绿色叶、茎翻入土壤的肥料,包括部分大田作物和蔬菜采收后翻入土壤的绿肥;苜蓿等多年生绿肥;水萝卜和水葫芦等水生绿肥。

(d) 秸秆肥:大田作物秸秆破碎后翻入土壤后形成的肥料。

(e) 饼肥:含油较多的植物种子经压榨去油后的残渣制成的肥料。

② 化肥。营养成分含量高,肥效快,常用作追肥。它可分为以下几种:

(a) 大量元素肥料:主要包括氮肥 (常用的尿素、一铵、二铵)、磷肥 (常用的一铵、二铵以及肥效缓慢的过磷酸钙)、钾肥 (常用的硫酸钾以及个别作物用的氯化钾)。除此以外,还有酸性土壤和缺钙土壤用的钙肥 (常用生石灰、熟石灰和碳酸钙)、酸性土壤和缺镁土壤用的镁肥 (常用硫酸镁、硝酸镁、碳酸镁和菱镁矿)、碱性土壤和缺硫土壤用的硫肥

（常用与其他元素结合的硫酸盐）。

（b）微量元素肥料：主要呈复混肥（复合肥和混合肥总称）形式，可呈氮、磷、钾肥，也可混入多种微量元素呈复混肥。金属元素主要呈硫酸盐、氯化物形式，如铁、锰、铜、锌；非金属元素主要呈酸性氧化物、含氧酸形式，如硼、钼；而氯则结合其他元素，呈氯化物，并无单独的氯肥。

（c）微生物肥料（菌肥）：含有活性微生物的肥料，起到特定的肥效。例如，根瘤菌肥料、固氮菌肥料以及复合微生物肥料。

2. 肥料施用原则

肥料的作用是供给植物养分，提高农产品产量；培肥地力，使土壤保持可持续的肥力；改良土壤，维护团粒结构，保持良好的通气性和养分输送能力。

为此，可根据区域特性，因地制宜地采取配方施肥、测土施肥、深施、混施、使用缓释肥料，并对有机肥进行无害化处理。

禁止施用的肥料应该参照以下原则：

（1）NY/T 394—2013 中规定的不应施用的肥料种类

① 添加有稀土元素的肥料。

② 成分不明确的、含有安全隐患成分的肥料。

③ 未经发酵腐熟的人畜粪尿。

④ 生活垃圾、污泥和含有害物质（如毒气、病原微生物、重金属等）的工业垃圾。

⑤ 转基因品种（产品）及其副产品为原料生产的肥料。

⑥ 国家法律法规规定不得使用的肥料。

（2）GB/T 19630—2019《有机产品 生产、加工、标识与管理体系要求》中关于肥料施用的规定

① 可以施用有机肥以维持和提高土壤的肥力、营养平衡和土壤生物活性；同时，应避免过度施用有机肥，造成环境污染；应优先施用本单元或其他有机生产单元的有机肥；若外购商品有机肥，应经认证机构许可后使用。

② 不应在叶菜类、块茎类和块根类植物上施用人粪尿；在其他植物上需要施用时，应进行充分腐熟和无害化处理，并不得与植物食用部分接触。

③ 可施用溶解性小的天然矿物肥料，但不得将此类肥料作为系统中营养循环的替代物。矿物肥料只能作为长效肥料并保持其天然组分，不应采用化学处理提高其溶解性，不应使用矿物氮肥。

④ 可施用生物肥料。为使堆肥充分腐熟，可在堆制过程中添加来自自然界的微生物，但不应使用转基因生物及其产品。

⑤ 不应施用化学合成的肥料和城市污水污泥。

3. 肥料施用的信息记录内容

肥料施用信息中的要素信息具体内容如下：

（1）肥料名称　应记录通用名称。若有可能，应记录有效成分及其含量。

（2）肥料来源　当地自产腐熟农家肥（如堆沤肥，包括畜禽圈舍粪尿拌以土、草、秸秆形成的厩肥），应注明腐熟方法（日晒发酵；人粪尿拌以泥土和草、秸秆、绿肥等植物，在淹水状态下形成的沤肥，可采取长期存放发酵）；外地出产的腐熟农家肥应注明生产地点（或单位）和生产时间。

（3）商品肥　商品肥应注明产品标准、供应商名称；同时，应注明"三证号"，即生产许可证号或批准文件号（标注我国法律和行政管理部门允许生产）、登记证号或临时登记证号（标明法律和行政管理部门允许用于的作物）、产品批次号或生产日期（标明批次，便于追溯）。使用批次中应存留 2 个最小包装，便于事故追溯时用 1 个包装化验结果与产品标准比对，验证是否合格，另 1 个包装用于仲裁。

（4）施用作物

（5）施用环节　包括拌种施肥、基肥、生长时期土壤追肥、生长时期或开花结果时期的叶面追肥。

（6）施用量

（7）施肥地块

（8）施肥时间

（9）施肥责任人

（10）需记录的其他信息　例如，农家肥腐熟方式等。

肥料施用信息表见表 2-15。

表 2-15　肥料施用信息表

名称	来源	产品标准	施用作物	施用环节	施用量（kg）	地块	时间	责任人	备注

（二）农药使用及其信息记录

农药在种植环节使用，农药的作用是防治虫、菌、草、鼠害，分别有杀虫剂、杀菌剂、除草剂、杀鼠剂；调节植物生长发育，即植物生长调节剂。

1. 农药使用原则

农药使用应合理安全，遵循以下原则：

① 不使用禁用农药。

② 用药少、效果好。避免盲目使用、超范围使用、超剂量使用。应预防为主、治理为辅、科学用药。

③ 避免和延缓虫菌产生抗药性，可多种农药混合使用，以避免单一农药不合理地多次重复使用。

④ 收获离用药时间应不少于安全间隔期（最后一次用药距采收的天数）。安全间隔期取决于农药品种、有效成分含量、剂型、稀释倍数、用药量、用药方法等，少则 1 d，多则 45 d。应参照 GB/T 8321《农药合理使用准则》系列标准及其他有关规定。

⑤ 对植物无药害，对人、畜禽和有益生物安全，减少环境污染，应注重科学使用方式和对人及畜禽的防护。

2. 禁止购买证件不全的农药

根据中华人民共和国国务院令第 677 号公布的新修订的《农药管理条例》，农药经营者采购农药应当查验产品包装、标签、产品质量检验合格证以及有关许可证明文件，不得向未取得农药生产许可证的农药生产企业或者未取得农药经营许可证的其他农药经营者采购农药。

3. 禁止不按国家标准的规定使用农药

根据 GB/T 8321 系列标准，确定使用的剂型、含量、适用作物、防治对象、使用量或稀释倍数、用药方法、使用次数、安全间隔期。不按此使用，由使用者承担责任。

4. 农药购买、使用信息记录内容

信息记录表的形式见表 2-16、表 2-17、表 2-18。需列信息如下：

① 农药名称应记录通用名称，不应记录商品名称（由于商品名称多样、不规范，不利于质量安全追溯，应使用通用名称，即农药登记时的名称）。如有可能，应标明有效成分及其含量。

② 农药来源应注明供应商名称，同时应注明"三证号"。

③ 使用及防治对象。

④ 有效成分含量和剂型　商品复配农药应注明每种农药的含量。

⑤ 稀释倍数。

⑥ 使用量。

⑦ 使用方式。

⑧ 用药地块。

⑨ 用药环节、次数和时间。

⑩ 采收日期及安全间隔期。

⑪ 用药责任人。

⑫ 需记录的其他信息（备注），如自行复配农药的复配方式等。

将以上 12 项加上环节和责任信息，制成表格。

若农药采购和使用由一个单元（如种植户组）承担，则农药采购和使用可合并为一个表格，种植户组农药采购和使用信息表见表 2-16。

表 2-16　种植户组农药采购和使用信息表

序号	环节	采集点	通用名	生产商名称	生产许可证号	登记证号	产品批次号（或生产日期）	购买数量（瓶、袋）	有效期	使用作物及防治对象	剂型及含量	稀释倍数	使用量（g或mL/667m²）	使用方式	安全间隔期	使用时间	使用地块	用药责任人	采收时间	备注

表 2-16 中"使用作物及防治对象"适用于多品种追溯产品。

若农药采购和使用由不同单元承担，前者由采购部承担，后者由种植户组承担，则设计成两张表。农药采购信息表见表 2-17；种植户组农药使用信息表见表 2-18。

表 2-17　农药采购信息表

序号	环节	采集点	通用名	生产商名称	生产许可证号	登记证号	产品批次号（或生产日期）	购买数量（瓶、袋）	有效期	安全间隔期	购买时间	购买人	备注

表 2-18　种植户组农药使用信息表

序号	环节	采集点	通用名	生产商名称	产品批次号（或生产日期）	使用作物及防治对象	剂型及含量	稀释倍数	使用量（g或mL/667m²）	使用方式	安全间隔期	使用时间	使用地块	用药责任人	采收时间	备注

表 2-16 及表 2-17 依据通用名、生产商名称、产品批次号（或生产日期）可以作唯一性对接，实施追溯。或者在使用信息表上用农药采购序号代替生产商名称、产品批次号（或生产日期），也可作唯一性对接，实施追溯。

所有的信息的记录内容要真实、全面、规范、及时。记录内容与生产活动一致，具体结合相关的生产活动流程科学设计。

（三）农药使用的相关规定

《农药管理条例》规定，农药生产应取得农药登记证和生产许可证，农药经营应取得经营许可证，农药使用应按照标签规定的使用范围、安全间隔期用药，不得超范围用药。剧毒、高毒农药不得用于防治卫生害虫，不得用于蔬菜、瓜果、茶叶、菌类、中草药材的生产，不得用于水生植物的病虫害防治。

1. 禁止（停止）使用的农药（46 种）

六六六、滴滴涕、毒杀芬、二溴氯丙烷、杀虫脒、二溴乙烷、除草醚、艾氏剂、狄氏剂、汞制剂、砷类、铅类、敌枯双、氟乙酰胺、甘氟、毒鼠强、氟乙酸钠、毒鼠硅、甲胺磷、对硫磷、甲基对硫磷、久效磷、磷胺、苯线磷、地虫硫磷、甲基硫环磷、磷化钙、磷化镁、磷化锌、硫线磷、蝇毒磷、治螟磷、特丁硫磷、氯磺隆、胺苯磺隆、甲磺隆、福美胂、福美甲胂、三氯杀螨醇、林丹、硫丹、溴甲烷、氟虫胺、杀扑磷、百草枯、2,4-滴丁酯。

注：2,4-滴丁酯自 2023 年 1 月 29 日起禁止使用；溴甲烷可用于"检疫熏蒸处理"；杀扑磷已无制剂登记。

2. 部分范围禁止使用的农药（20 种）

部分范围禁止使用的农药见表 2-19。

表 2-19 部分范围禁止使用的农药

通用名	禁止使用范围
甲拌磷、甲基异柳磷、克百威、水胺硫磷、氧乐果、灭多威、涕灭威、灭线磷	禁止在蔬菜、瓜果、茶叶、菌类、中草药材上使用，禁止用于防治卫生害虫，禁止用于水生植物的病虫害防治
甲拌磷、甲基异柳磷、克百威	禁止在甘蔗作物上使用
内吸磷、硫环磷、氯唑磷	禁止在蔬菜、瓜果、茶叶、中草药材上使用
乙酰甲胺磷、丁硫克百威、乐果	禁止在蔬菜、瓜果、茶叶、菌类和中草药材上使用

（续）

通用名	禁止使用范围
毒死蜱、三唑磷	禁止在蔬菜上使用
丁酰肼（比久）	禁止在花生上使用
氰戊菊酯	禁止在茶叶上使用
氟虫腈	禁止在所有农作物上使用（玉米等部分旱田种子包衣除外）
氟苯虫酰胺	禁止在水稻上使用

（四）食品添加剂使用及其信息记录内容

按 GB 2760—2014《食品安全国家标准　食品添加剂使用标准》，中国食品添加剂分为 23 类，其中包括人工合成物质和天然物质，包括能存留于食品中的添加剂以及不存留于食品中的食品添加剂（加工助剂）。在 GB 2760—2014 中列出了每种食品添加剂的名称、中国编码系统（CNS）编号、功能、适用的商品分类号、食品名称、最大使用量（g/kg）和备注。该 23 类是用于各种食品的，有些食品添加剂不会用在农产品中，如消泡剂、胶基糖果中基础剂物质等，在农产品质量追溯中无须关注。

食品添加剂使用原则、使用规定、信息记录内容已在后续的内容中列出，见第二章第六节"加工信息"中的"面条制作信息"的"内容解读"部分和第二章第六节"加工信息"中的"配粉信息"的"实际操作"部分。

六、产地信息

【标准原文】

7.1　种植信息

7.1.1　产地信息

产地代码、种植者档案、产地环境监测等。

【内容解读】

农产品产地是指具有一定面积和生产能力的栽培农产品的土地。中华人民共和国主席令第四十九号《中华人民共和国农产品质量安全法》对产地环境、投入品使用、生产记录等方面作了明确规定。

第十七条 禁止在有毒有害物质超过规定标准的区域生产、捕捞、采集食用农产品和建立农产品生产基地。

第二十四条 农产品生产企业和农民专业合作经济组织应当建立农产品生产记录，如实记载下列事项：

① 使用农业投入品的名称、来源、用法、用量和使用、停用的日期；

② 动物疫病、植物病虫草害的发生和防治情况；

③ 收获、屠宰或者捕捞的日期。

农产品生产记录应当保存二年。禁止伪造农产品生产记录。

国家鼓励其他农产品生产者建立农产品生产记录。

第二十五条 农产品生产者应当按照法律、行政法规和国务院农业行政主管部门的规定，合理使用农业投入品，严格执行农业投入品使用安全间隔期或者休药期的规定，防止危及农产品质量安全。

禁止在农产品生产过程中使用国家明令禁止使用的农业投入品。

1. 产地代码

产地代码内容解读见第二章第四节"编码方法"中"产地编码"的"内容解读"部分。

2. 种植者档案

种植者档案内容解读见第二章第四节"编码方法"中"从业者编码"的"内容解读"部分。

3. 产地环境质量

产地环境监测信息包括以下影响小麦种植质量安全的水、土、大气的现状环境质量。

（1）灌溉水 灌溉水主要来源于地表水、地下水等。灌溉水对小麦质量安全影响的因素是重金属、农药残留。重金属、农药被富集后，将对人类健康产生严重危害。

（2）加工水 此处的加工水主要指的是小麦粉及面条生产车间使用的加工用水，主要来源于井水及地表水等。

（3）土壤 对于小麦而言，土壤中重金属污染主要分为 2 类：一类是植物生长发育不需要的元素，而作物富集后对人类健康有严重危害，如铅、汞、镉等；另一类是对人体没有严重危害反而有一定的生理功能，而且又是在一定含量内影响小麦生长发育的重金属，如铜、锌等。

（4）空气 空气中的污染物主要来自公路的汽车尾气和工矿企业的废气。空气中的铅和氟化物等污染物可以被小麦吸收富集进而形成污染。

【实际操作】

1. 产地代码

产地编码实际操作部分可见第二章第四节"编码方法"中"产地代码"的"实际操作"部分。

2. 种植者档案

种植者档案实际操作部分可见第二章第四节"编码方法"中"从业者编码"的"实际操作"部分。

3. 产地环境质量

所有小麦生产基地的环境都应该满足国家相关规定。

（1）灌溉水环境质量及其信息记录

① 灌溉水质标准。

（a）普通食品和有机产品。应执行 GB 5084《农田灌溉水质标准》，不应执行 GB 3838—2002《地表水环境质量标准》和 GB/T 14848—2017《地下水质量标准》。因为这 3 个标准规定的项目和指标值不完全等同。只要达到 GB 5084《农田灌溉水质标准》要求，不管应用地面水或地下水均可以。农田灌溉用水水质基本控制项目限值见表 2 - 20、农田灌溉用水水质选择性控制项目限值见表 2 - 21。

表 2 - 20　农田灌溉水质基本控制项目限值

序号	项目类别	作物种类		
		水田作物	旱地作物	蔬菜
1	pH	$5.5 \sim 8.5$		
2	水温（℃）	$\leqslant 35$		
3	悬浮物（mg/L）	$\leqslant 80$	$\leqslant 100$	$\leqslant 60^a$，$\leqslant 15^b$
4	五日生化需氧量（BOD_5）（mg/L）	$\leqslant 60$	$\leqslant 100$	$\leqslant 40^a$，$\leqslant 15^b$
5	化学需氧量（COD_{Cr}）（mg/L）	$\leqslant 150$	$\leqslant 200$	$\leqslant 100^a$，$\leqslant 60^b$
6	阴离子表面活性剂（mg/L）	$\leqslant 5$	$\leqslant 8$	$\leqslant 5$
7	氯化物（以 Cl^- 计）（mg/L）	$\leqslant 350$		
8	硫化物（以 S^{2-} 计）（mg/L）	$\leqslant 1$		
9	全盐量（mg/L）	$\leqslant 1\,000$（非盐碱土地区），$\leqslant 2\,000$（盐碱土地区）		
10	总铅（mg/L）	$\leqslant 0.2$		
11	总镉（mg/L）	$\leqslant 0.01$		
12	铬（六价）（mg/L）	$\leqslant 0.1$		
13	总汞（mg/L）	$\leqslant 0.001$		

（续）

序号	项目类别	作物种类		
		水田作物	旱地作物	蔬菜
14	总砷（mg/L）	≤0.05	≤0.1	≤0.05
15	粪大肠菌群数（MPN/L）	≤40 000	≤40 000	≤20 000[a]，≤10 000[b]
16	蛔虫卵数（个/10 L）	≤20		≤20[a]，≤10[b]

[a] 加工、烹调及去皮蔬菜。

[b] 生食类蔬菜、瓜类和草本水果。

表 2-21 农田灌溉水质选择性控制项目限值

序号	项目类别	作物种类		
		水田作物	旱地作物	蔬菜
1	氰化物（以 CN⁻计）（mg/L）	≤0.5		
2	氟化物（以 F⁻计）（mg/L）	≤2（一般地区），≤3（高氟区）		
3	石油类（mg/L）	≤5	≤10	≤1
4	挥发酚（mg/L）	≤1		
5	总铜（mg/L）	≤0.5	≤1	
6	总锌（mg/L）	≤2		
7	总镍（mg/L）	≤0.2		
8	硒（mg/L）	≤0.02		
9	硼（mg/L）	≤1[a]，≤2[b]，3[c]		
10	苯（mg/L）	≤2.5		
11	甲苯（mg/L）	≤0.7		
12	二甲苯（mg/L）	≤0.5		
13	异丙苯（mg/L）	≤0.25		
14	苯胺（mg/L）	≤0.5		
15	三氯乙醛（mg/L）	≤1	≤0.5	
16	丙烯醛（mg/L）	≤0.5		
17	氯苯（mg/L）	≤0.3		
18	1,2-二氯苯（mg/L）	≤1.0		
19	1,4-二氯苯（mg/L）	≤0.4		
20	硝基苯（mg/L）	≤2.0		

[a] 对硼敏感作物，如黄瓜、豆类、马铃薯、笋瓜、韭菜、洋葱、柑橘等。

[b] 对硼耐受性较强的作物，如小麦、玉米、青椒、小白菜、葱等。

[c] 对硼耐受性强的作物，如水稻、萝卜、油菜、甘蓝等。

（b）绿色食品。应执行 NY/T 391—2013，该标准中规定了农田灌溉水质要求，农田灌溉水质要求见表 2 - 22。

表 2 - 22 农田灌溉水质要求

项目	指标
pH	5.5～8.5
总汞（mg/L）	≤0.001
总镉（mg/L）	≤0.005
总砷（mg/L）	≤0.05
总铅（mg/L）	≤0.1
六价铬（mg/L）	≤0.1
氟化物（mg/L）	≤2.0
化学需氧量（CODcr）（mg/L）	≤60
石油类（mg/L）	≤1.0
粪大肠菌群[a]（个/L）	≤10 000

[a]灌溉蔬菜、瓜类和草本水果的地表水需测粪大肠菌群，其他情况不测粪大肠菌群。

② 灌溉用水水质监测信息记录。包括水源类型、取样的地点、时间、监测机构、监测结果等信息。灌溉用水水质监测信息表见表 2 - 23。

表 2 - 23 灌溉用水水质监测信息表

序号	水源类型	监测机构	监测时间	监测地点	监测结果（mg/L）				记录日期	记录人
					铅	镉	铬（六价）	……		

（2）加工水环境质量及其信息记录

① 加工水质标准。

（a）有机食品小麦粉及面条。应达到 GB 5749—2006《生活饮用水卫生标准》要求，不必监测和记录信息。

（b）绿色食品小麦粉及面条。应执行 NY/T 391—2013，该标准中规定了加工用水要求限量，即 pH、总汞、总砷、总镉、总铅、六价铬、氰化物、氟化物、菌落总数、总大肠菌群及其指标值，绿色食品加工用水水质要求见表 2 - 24。

表 2-24 绿色食品加工用水水质要求

项目	指标
pH	6.5~8.5
总汞（mg/L）	≤0.001
总砷（mg/L）	≤0.01
总镉（mg/L）	≤0.005
总铅（mg/L）	≤0.01
六价铬（mg/L）	≤0.05
氰化物（mg/L）	≤0.05
氟化物（mg/L）	≤1.0
菌落总数（CFU/mL）	≤100
总大肠菌群（MPN/100 mL）	不得检出

（c）其他小麦粉及面条的加工原料。

深井水，即供水层为土层下的基岩，且井壁密封。深井水的水量常年稳定；水质稳定，不受地表水和土层渗水影响。不需环境监测。

浅井水，即供水层为土层。浅井水的水量不稳定，丰水期（7、8月份为典型）水位上升，枯水期（1、2月份为典型）水位下降；水质不稳定，受地表水和土层渗水影响。需每年丰水期及枯水期各做一次环境监测。

地表水，存在于陆地表面的河流（江河、运河及渠道）、湖泊、水库等地表水体以及入海河口和近岸海域。应符合 GB 3838—2002《地表水环境质量标准》中功能Ⅲ类以上的标准要求。地表水环境质量标准基本项目标准限值见表 2-25。

表 2-25 地表水环境质量标准基本项目标准限值

序号	项目	分类				
		Ⅰ类	Ⅱ类	Ⅲ类	Ⅳ类	Ⅴ类
1	水温（℃）	人为造成的环境水温变化应限制在：周平均最大温升≤1 周平均最大温降≤2				
2	pH（无量纲）	6—9				
3	溶解氧（mg/L）	饱和率90%（或7.5）	≥6	≥5	≥3	≥2

(续)

序号	项目	分类				
		Ⅰ类	Ⅱ类	Ⅲ类	Ⅳ类	Ⅴ类
4	高锰酸盐指数（mg/L）	≤2	≤4	≤6	≤10	≤15
5	化学需氧量（COD）（mg/L）	≤15	≤15	≤20	≤30	≤40
6	五日生化需氧量（BOD_5）（mg/L）	≤3	≤3	≤4	≤6	≤10
7	氨氮（NH_3-N）（mg/L）	≤0.15	≤0.5	≤1.0	≤1.5	≤2.0
8	总磷（以P计）（mg/L）	≤0.02（湖、库0.01）	≤0.1（湖、库0.025）	≤0.2（湖、库0.05）	≤0.3（湖、库0.1）	≤0.4（湖、库0.2）
9	总氮（湖、库，以N计）（mg/L）	≤0.2	≤0.5	≤1.0	≤1.5	≤2.0
10	铜（mg/L）	≤0.01	≤1.0	≤1.0	≤1.0	≤1.0
11	锌（mg/L）	≤0.05	≤1.0	≤1.0	≤2.0	≤2.0
12	氟化物（以F^-计）（mg/L）	≤1.0	≤1.0	≤1.0	≤1.5	≤1.5
13	硒（mg/L）	≤0.01	≤0.01	≤0.01	≤0.02	≤0.02
14	砷（mg/L）	≤0.05	≤0.05	≤0.05	≤0.1	≤0.1
15	汞（mg/L）	≤0.00005	≤0.00005	≤0.0001	≤0.001	≤0.001
16	镉（mg/L）	≤0.001	≤0.005	≤0.005	≤0.005	≤0.01
17	铬（六价）（mg/L）	≤0.01	≤0.05	≤0.05	≤0.05	≤0.1
18	铅（mg/L）	≤0.01	≤0.01	≤0.05	≤0.05	≤0.1
19	氰化物（mg/L）	≤0.005	≤0.05	≤0.2	≤0.2	≤0.2
20	挥发酚（mg/L）	≤0.002	≤0.002	≤0.005	≤0.01	≤0.1
21	石油类（mg/L）	≤0.05	≤0.05	≤0.05	≤0.5	≤1.0
22	阴离子表面活性剂（mg/L）	≤0.2	≤0.2	≤0.2	≤0.3	≤0.3
23	硫化物（mg/L）	≤0.05	≤0.1	≤0.2	≤0.5	≤1.0
24	粪大肠菌群（个/L）（mg/L）	≤200	≤2 000	≤10 000	≤20 000	≤40 000

② 加工用水（加工设备清洗用水）水质监测信息记录。包括水源类型、取样的地点、时间、监测机构、监测结果等信息。加工用水（加工设备清洗用水）水质监测信息表见表 2-26。

表 2-26　加工用水（加工设备清洗用水）水质监测信息表

序号	水源类型	监测机构	监测时间	监测地点	监测结果（mg/L）				记录日期	记录人
					铅	镉	铬（六价）	……		

（3）土壤环境质量及其信息记录

① 土壤标准。

（a）普通农产品和有机农产品应该执行 GB 15618—2018《土壤环境质量 农用地土壤污染风险管控标准（试行）》。其中，规定农用地土壤污染风险筛选值的基本项目为必测项目，包括镉、汞、砷、铅、铬、铜、镍、锌。农用地土壤污染风险筛选值（基本项目）见表 2-27，农用地土壤污染风险筛选值（其他项目）见表 2-28，农用地土壤污染风险管制值见表 2-29。

表 2-27 农用地土壤污染风险筛选值（基本项目）

单位：mg/kg

序号	污染物项目ab		风险筛选值			
			pH≤5.5	5.5<pH≤6.5	6.5<pH≤7.5	pH>7.5
1	镉	水田	0.3	0.4	0.6	0.8
		其他	0.3	0.3	0.3	0.6
2	汞	水田	0.5	0.5	0.6	1.0
		其他	1.3	1.8	2.4	3.4
3	砷	水田	30	30	25	20
		其他	40	40	30	25
4	铅	水田	80	100	140	240
		其他	70	90	120	170
5	铬	水田	250	250	300	350
		其他	150	150	200	250
6	铜	果园	150	150	200	200
		其他	50	50	100	100
7	镍		60	70	100	190
8	锌		200	200	250	300

a 重金属和类金属砷均按元素总量计。

b 对于水旱轮作地，采用其中较严格的风险筛选值。

表 2-28 农用地土壤污染风险筛选值（其他项目）

单位：mg/kg

序号	污染物项目	风险筛选值
1	六六六总量a	0.10
2	滴滴涕总量b	0.10

(续)

序号	污染物项目	风险筛选值
3	苯并 [a] 芘	0.55

a 六六六总量为 α-六六六、β-六六六、γ-六六六、δ-六六六 4 种异构体的含量总和。

b 滴滴涕总量为 p, p′-滴滴伊、p, p′-滴滴滴、o, p′-滴滴涕、p, p′-滴滴涕 4 种衍生物的含量总和。

表 2 - 29　农用地土壤污染风险管制值

单位：mg/kg

序号	污染物项目	风险筛选值			
		pH≤5.5	5.5＜pH≤6.5	6.5＜pH≤7.5	pH＞7.5
1	镉	1.5	2.0	3.0	4.0
2	汞	2.0	2.5	4.0	6.0
3	砷	200	150	120	100
4	铅	400	500	700	1 000
5	铬	800	850	1 000	1 300

农用地土壤污染风险筛选值和管制值的使用：

当土壤中污染物含量等于或者低于表 2 - 27 和表 2 - 28 规定的风险筛选值时，农用地土壤污染风险低，一般情况下可以忽略；高于表 2 - 27 和表 2 - 28 规定的风险筛选值时，可能存在农用地土壤污染风险，应加强土壤环境监测和农产品协同监测。

当土壤中镉、汞、砷、铅、铬的含量高于表 2 - 27 规定的风险筛选值、等于或者低于表 2 - 29 规定的风险管制值时，可能存在食用农产品不符合质量安全标准等土壤污染风险，原则上应当采取农艺调控、替代种植等安全利用措施。

当土壤中镉、汞、砷、铅、铬的含量高于表 2 - 29 规定的风险管制值时，食用农产品不符合质量安全标准等农用地土壤污染风险高，且难以通过安全利用措施降低食用农产品不符合质量安全标准等农用地土壤污染风险，原则上应当采取禁止种植食用农产品、退耕还林等严格管控措施。

（b）绿色食品应执行 NY/T 391—2013，该标准中规定了土壤质量要求，土壤质量要求见表 2 - 30。

表 2-30 土壤质量要求

项目	旱田			水田			检测方法
	pH<6.5	6.5≤pH≤7.5	pH>7.5	pH<6.5	6.5≤pH≤7.5	pH>7.5	NY/T 1377
总镉（mg/kg）	≤0.30	≤0.30	≤0.40	≤0.30	≤0.30	≤0.40	GB/T 17141
总汞（mg/kg）	≤0.25	≤0.30	≤0.35	≤0.30	≤0.40	≤0.40	GB/T 22105.1
总砷（mg/kg）	≤25	≤20	≤20	≤20	≤20	≤15	GB/T 22105.2
总铅（mg/kg）	≤50	≤50	≤50	≤50	≤50	≤50	GB/T 17141
总铬（mg/kg）	≤120	≤120	≤120	≤120	≤120	≤120	HJ 491
总铜（mg/kg）	≤50	≤60	≤60	≤50	≤60	≤60	GB/T 17138

注：1. 果园土壤中铜限量值为旱田中铜限量值的 2 倍。

2. 水旱轮作的标准值取严不取宽。

3. 底泥按照水田标准值执行。

② 土壤环境监测信息。包括取样的地点、时间、监测机构、监测结果等信息。土壤监测信息表见表 2-31。

表 2-31 土壤监测信息表

序号	监测机构	监测时间	监测地点	监测结果（mg/L）				记录日期	记录人
				镉	汞	砷	……		

（4）空气环境质量及其信息记录

① 普通农产品和有机产品生产基地。GB/T 19630—2019《有机产品 生产、加工、标识与管理体系要求》中规定，有机生产基地环境空气质量应满足 GB 3095—2012（XG1—2018）《环境空气质量标准》二级标准。环境空气污染物基本项目浓度限值见表 2-32，环境空气污染物其他项目浓度限值见表 2-33。

表 2-32 环境空气污染物基本项目浓度限值

序号	污染物项目	平均时间	浓度限值		单位
			一级	二级	
1	二氧化硫（SO₂）	年平均	20	60	μg/m³
		24 h 平均	50	150	
		1 h 平均	150	500	
2	二氧化氮（NO₂）	年平均	40	40	
		24 h 平均	80	80	
		1 h 平均	200	200	

（续）

序号	污染物项目	平均时间	浓度限值		单位
			一级	二级	
3	一氧化碳（CO）	24 h 平均	4	4	mg/m³
		1 h 平均	10	10	
4	臭氧（O₃）	日最大 8 h 平均	100	160	
		1 h 平均	160	200	
5	颗粒物（粒径小于等于 10 μm）	年平均	40	70	μg/m³
		24 h 平均	50	150	
6	颗粒物（粒径小于等于 2.5 μm）	年平均	15	35	
		24 h 平均	35	75	

表 2-33　环境空气污染物其他项目浓度限值

序号	污染物项目	平均时间	浓度限值		单位
			一级	二级	
1	总悬浮颗粒物（TSP）	年平均	80	200	μg/m³
		24 h 平均	120	300	
2	氮氧化物（NOₓ）	年平均	50	50	
		24 h 平均	100	100	
		1 h 平均	250	250	
3	铅（Pb）	年平均	0.5	0.5	
		季平均	1	1	
4	苯并 [a] 芘（BaP）	年平均	0.001	0.001	
		24 h 平均	0.002 5	0.002 5	

② 绿色食品。应执行 NY/T 391—2013，该标准中规定了空气质量要求，空气质量要求（标准状态）见表 2-34。环境空气监测信息表见表 2-35。

表 2-34　空气质量要求（标准状态）

项目	指标		检测方法
	日平均[a]	1 h[b]	
总悬浮颗粒物（mg/m³）	≤0.30	—	GB/T 15432
二氧化硫（mg/m³）	≤0.15	≤0.50	HJ 482
二氧化氮（mg/m³）	≤0.08	≤0.20	HJ 479
氟化物（μg/m³）	≤7	≤20	HJ 480

[a] 日平均指任何一日的平均指标。

[b] 1 h 指任何一小时的指标。

表2-35 空气环境监测信息表

序号	监测机构	监测时间	监测地点	监测结果				记录日期	记录人
				二氧化硫	二氧化氮	项目3	……		

七、种植信息

【标准原文】

7.1.2 种植信息

生产、管理相对统一的种植户或种植户组统称为种植者。种植信息应包括种植者姓名（户名或组名）；种植区域、地点；种植品种；种植区域环境质量；投入品采购及使用（包括投入品通用名、商品名、厂家、登记证号、使用数量和使用方法）等。

7.1.3 收获信息

收获地块、收获面积、收获时间、收获数量、收获质量、收获后现场处理、运输、包装和储存等。

【内容解读】

1. 种植者信息

种植信息为责任信息。责任人可以为种植者，可以为1个或多个种植户或种植组。种植信息应包括企业种植户（或种植组）及收购的每1个种植基地的区域地址、种植者户名（或组名）及小麦品种。种植者档案内容解读见第二章第四节"编码方法"中"从业者编码"的"内容解读"部分。

2. 种植区域环境质量

种植区域环境质量是指小麦种植基地的环境空气、土壤环境、灌溉水质应有监测记录并达到国家标准要求。种植区域环境质量内容解读见第二章第六节"产地信息"中"产地环境质量"的"内容解读"部分。

3. 投入品采购及使用

小麦粉及面条生产企业应向小麦种植者（或销售者）索要种植期间的肥料、农药使用记录。在加工小麦粉或面条时还应记录添加剂的信息，信息内容包括农药和肥料的通用名称、商品名称、厂家、登记证号、使用数量和使用方法等内容。参见第二章中第六节"农业投入品信息采集"部分。

4. 收获信息

小麦粉及面条生产企业根据生产过程中农业投入品（肥料、农药）使用记录评估判断是否达到规定的安全间隔期，以及是否在小麦收获季进行适时采收或收购。蜡熟末期或完熟期是小麦的最佳收获期，原粮收购期间可能存在的主要危害是物理性的杂质、已发生的霉变及其产生的黄曲霉毒素。应对收获或收购地块、面积、时间、收获或收购数量、质量（抽样检测）进行记录。

5. 现场处理

现代农业一般使用联合收割机，一次性完成收割、脱粒、清选等工作。收获后及时晾晒、精选。也可采用单品种收割、拉运、码垛、脱谷。小麦机械收割不应造成二次污染，应选择无污染的晾晒场地以防霉变，通风、降湿或缺氧处理抑制麦粒的呼吸作用和微生物的繁殖，防止麦粒发热、生芽。在南方湿热地区应及时拉运，对现场处理应及时记录。

6. 运输、包装和储存

运输工具清洁卫生、无污染。运输时，严防日晒、雨淋，注意通风。运输时，应保持包装的完整性，禁止与其他有毒、有害的物质混装。高温季节长距离运输宜在产地预冷，并用冷藏车运输。这里的包装、储存是指小麦原粮的包装、储存，原粮仓储应避光、恒温（5～15℃）、干燥、清洁、无虫鼠害等每个品种单独存储，不得与有毒、有害、有异味、有腐蚀性、易发潮霉变的物品一起存放。库房应记录的要素信息主要是感官信息，如霉变、温度、湿度；若使用农药也应记录。

【实际操作】

1. 种植者信息

种植者信息档案内容的实际操作部分可见第二章第四节"编码方法"中"从业者编码"的"实际操作"部分。

2. 种植区域环境质量

种植区域环境质量内容实际操作部分见第二章第六节"产地信息"中"产地环境质量"的"实际操作"部分。

3. 投入品采购及使用

投入品采购及使用实际操作参见第二章中第六节"农业投入品信息采集"部分与第二章第六节内容"加工信息"中的"配粉信息"的实际操作部分。

种植者按照表 2 - 36 做好种植管理记录。

表 2 - 36 种植管理记录表

基本情况	编号	种植者	地/号	面积（亩）	种植品种	种子来源	水源
						□统购 □自购	□地上 □地下
						□统购 □自购	□地上 □地下

播种	日期	药剂名称	药品生产批次	播种时间	处理方法	药剂用量（mL/100 g 种子）
					□浸种 □包衣 □拌种	

田间管理	基肥				□撒施 □侧深施	□kg/亩
					□撒施 □侧深施	□kg/亩
					□撒施 □侧深施	□kg/亩
	追肥				□撒施	□kg/亩
					□撒施	□kg/亩
					□撒施	□kg/亩
	防虫				□喷雾 □熏蒸 □其他	□mL/亩 □g/亩
					□喷雾 □熏蒸 □其他	□mL/亩 □g/亩
					□喷雾 □熏蒸 □其他	□mL/亩 □g/亩
	防病				□喷雾 □熏蒸 □其他	□mL/亩 □g/亩
					□喷雾 □熏蒸 □其他	□mL/亩 □g/亩
					□喷雾 □熏蒸 □其他	□mL/亩 □g/亩
	其他					

收获	方式	采收日期	面积（亩）	亩产量（kg/亩）	现场处理、质量分级（kg）	包装（kg/袋）	运输（kg/袋）	储存（kg/袋）

种植者签字：

91

八、加工信息

【标准原文】

7.2 加工信息

7.2.1 收购信息

交售者及种植者、收购时间、收购地点、收购数量、收购标准、交收检验等。

7.2.2 原料入库信息

入库者、原料来源地点、入库时间、库房及其堆放编号、库房温度及湿度、库房卫生措施、领料者、出库时间和出库数量等。

7.2.3 清理信息

加工者、加工时间、加工生产线、风选、磁选、精选、毛麦仓编号、润麦用水水质等。

7.2.4 制粉信息

研磨、筛网孔径和分级等。

7.2.5 配粉信息

小麦粉库编号、配粉比例（含食品添加剂）等。

7.2.6 面条制作信息

面条专用粉、用水水质、食品添加剂和烘干条件等。

【内容解读】

1. 收购信息

（1）收购标准　收购标准是对小麦原料收购的要求和规范，是小麦原料种植者种植的目标和依据，也是小麦原料采购者验收原料的依据。根据收购标准，拒收未满足标准要求的小麦原料。

小麦原料是加工小麦粉、面条的起始，在制粉过程原粮的品质也直接影响到小麦粉的品质。原料质量没有控制好，那么加工出的产品的质量、安全、卫生就无法得到保证，容易出现不满足质量要求的等外品；不但造成各种浪费，也会使企业和监督管理部门的工作量增大，影响生产和工作效率。为确保小麦粉及面条加工企业生产产品的安全，应在小麦原料收购质量标准中着重强调小麦原料的感官及农药残留等。小麦原料符合安全卫生要求，在加工过程中采用全过程质量控制，则其加工出的小麦粉及面条也应当是符合安全卫生要求的。

（2）交收检验　每批小麦原粮交收前，都应进行交收检验。交收检验内容主要包括水分、容重、杂质等感官检验内容，检验合格并附合格证方可交收。若生产或加工企业对交收检验项目无法自行检验的，应委托给具备相应资质的检验机构进行检验。

2. 原料入库信息

影响小麦储粮安全的重要因素是水分和虫害，因此在小麦原料入库环节确保小麦原料库无害虫、无变质、无鼠雀、无事故，并对库房的温湿度、日常卫生进行监测。不得与可能对小麦原料产生污染的有害物质混存，储粮不得使用国家禁止使用的化学药剂或超量使用化学药剂，粮库周围不得有有毒有害气体、粉末等污染源。

3. 清理信息

在小麦原料进入制粉工艺过程之前，应清除原料中的各类杂质，这种工艺手段称为清理。小麦在栽培、收割、脱粒、晾晒、干燥、运输和储藏等过程中，难免混入各种杂质，它们的存在对小麦粉及面条产品质量安全及制粉工艺过程都有不同程度的危害。因此，在加工前需清除杂质，既确保成品质量安全无污染，又保证设备正常运转。

（1）杂质的分类 杂质是除小麦以外的其他物质，包括筛下物、无机质、有机杂质等。

① 筛下物是指通过直径 1.5 mm 圆孔筛的物质。

② 无机杂质是指沙石、煤渣、砖瓦块、泥土等矿物质、金属异物及其他无机类物质。

③ 无使用价值的小麦、异种粮粒及其他有机类物质。

（2）除杂的目的

① 各类杂质混入小麦粉都将使产品的品质下降，其中尘芥杂质、异种粮粒及杂草种子（如荞子）等这类杂质混入小麦粉后使产品的含沙量增加、粉色灰暗、灰分增高，对小麦粉及面条等产品的品质及人体健康都带来危害，影响产品的质量与纯度，应在小麦入磨加工之前清除这些杂质。

② 坚硬的大杂质会对生产设备易造成损害，因碰撞产生的火花可能引发粉尘爆炸；原料中的灰尘易外溢而造成污染，危害生产环境。为保证质量安全生产的正常进行，必须尽量清除这些杂质。

（3）除杂的方法

① 利用粒度差别，采用筛选可除去原料中的大、小杂质。但采用筛选不能清除并肩杂质（如大麦、荞子等），这些与小麦长度不同但宽、厚度相似的杂质。

② 利用悬浮速度或密度的差别，采用风选可以清除原料中的轻杂，采用去石机可清除原料中悬浮速度较大、密度较大的并肩杂质（如并肩石）。

③ 利用导磁性的差别，采用磁选设备可有效清除原料中的磁性金属物杂质。

④ 利用粒形的差别，对于外形呈球形的荞子，可以利用其在特定工作面上的运动状态与小麦进行清除。

⑤ 利用强度的差别，采用打麦设备可将原料中强度低于小麦的杂质击碎，打麦的同时可以清除黏附性强的杂质，完成表面清理。

（4）除杂的基本原则

① 为保证入磨小麦的纯度，原料中各类杂质都应清除，但清除重点是尘芥杂质，特别是对生产质量安全、产品纯度影响最大的各种无机杂质。

② 应先清除对生产及产品质量有直接危害的大型尘芥杂质，再清除其他杂质。

③ 对于与小麦存在两种以上区别的杂质，应尽量采用较简单有效的方法清除，如对于粒度明显大于或小于小麦粒的沙石，采用筛选的效果较采用去石机效果好。

对悬浮速度类似小麦的并肩杂质除杂，须采用精选或综合多种方法来进行清除。

（5）小麦的清理　小麦的清理工艺流程主要由各类清理设备、原料搭配及流量控制设备、小麦的水分调节设备组成，是制粉生产过程的重要组成部分，为小麦粉及面条生产企业的环节信息，清理选出杂质主要分为两类：一类为工业垃圾，如采用去石机选出的并肩石、采用各类筛选设备选出的大型无机杂质、采用磁选设备选出的铁杂等；另一类为还有利用价值的物料，如采用筛选设备提取出的小杂、采用精选设备选出的粮谷类杂质等。工业垃圾须妥善处理，各类有营养的有机杂质主要用来做饲料，而不应随意处置污染企业加工环境。

（6）润麦用水　润麦用水的水质安全性直接影响小麦加工的安全性，使用不洁水质润麦会影响小麦加工的安全性，带来污染。在《中华人民共和国食品卫生法》中第八条（九）专门规定：用水必须符合国家规定的城乡生活饮用水。加工用水水质应符合 GB 5749—2006《生活饮用水卫生标准》要求。如始终使用市政供应的自来水，则不采集水质信息。若使用深层地下水，可不采集水质信息，但应保存开始使用时水质分析报告；若使用浅层地下水，应采集水质信息，并保存每年丰水期和枯水期水质分析报告。

4. 制粉信息

制粉的目的是，将经过清理和润麦后的小麦通过机械作用的方法加工成不同需求的小麦粉，同时分离出副产品。制粉的过程主要包括研磨、撞击、清粉和筛理等。制粉的关键是如何将胚乳与麦皮、麦胚尽可能地分离。研磨是利用机械作用力把小麦籽粒剥开，从麸片上的胚乳刮净，再将胚乳磨成一定细度的小麦粉。撞击是利用高速旋转体及构件与较纯净的小麦胚乳颗粒之间反复而强烈的碰撞打击作用，使胚乳撞击成一定细度的小麦粉清粉是通过气流和筛理的联合作用，将研磨过程中的麦渣和麦心按质量分成麸屑、带皮的胚乳和纯胚乳粒 3 部分，以实现对麦渣、麦心的提纯。筛理的目的在于把研磨撞击后的物料按照颗粒的大小和比重进行分级，并筛出小麦粉。

5. 配粉信息

配粉是指经过配麦以后生产出的几种不同组分和性状的基础粉，加以合适的比例（配方）混配制成的符合质量要求的专用粉。在混配过程中，也可加入添加物进行修饰，按各类小麦粉的专用功能及营养需求重新组合、补充、完善和强化。配粉需要的料仓有：储存仓用以储存基础粉，配粉仓用以配制面粉，打包仓用以打包。

6. 面条制作信息

（1）面条专用粉　是面条生产的主要原材料，按国家标准可分为特制一等粉、特制二等粉、标准粉和普通粉。面条用小麦粉按 LS/T 3202—1993《面条用小麦粉》中的技术要求，原料应符合 GB 1351《小麦》的规定。

（2）面条用水水质　面条用水水质的好坏与面条的质量有着密切的关系。pH 对面条生产工艺和质量有影响，若 pH 较低，酸性条件下会导致面筋蛋白质和淀粉的分解，使面团的加工性能降低；若 pH 过高，会使面筋质被部分溶解，面团弹性和加工性能降低，用水浸泡时汤中可溶性物质增加，和面用水的碱度一般要求控制在 30 mg/kg 以下（或硬度小于 10度）；硬度过高会使小麦面粉的亲水性能变劣，使吸水速度降低，和面时间延长，降低面团的弹性、延展性、黏性和工艺性能。水在制面中的作用：调节面团的干湿度，为面条成型准备条件；使面团产生黏弹性和延伸性，调节面团湿度，便于轧片；能溶解盐、碱等可溶性辅料；水是形成湿面筋的重要组成部分；使面粉中的淀粉吸水变为可塑性的面团为淀粉糊化创造条件；最重要使用不洁的用水会在加工过程中带来交叉污染。在《中华人民共和国食品卫生法》中第八条（九）专门规定：用水必须符合国家规定的城乡生活饮用水，加工用水水质应符合 GB 5749—2006《生活饮用水卫生标准》要求。若始终使用市政供应的自来水，则不需采集水质信息；若使用深层地下水，也不采集水质信息，但应保存开始使用时水质的分析报告；若使用浅层地下水，应采集水质信息，并保存每年丰水期和枯水期水质分析报告。在信息采集时，注意记录。

（3）食品添加剂　面条制作时需要添加以下 4 种添加剂。

食盐：添加量一般为小麦粉质量的 2%～3%，收敛面筋的作用增强面筋的黏弹性和延伸性；较强的渗透作用，缩短和面时间；降低水的表面分压，对面团有保湿作用；有一定的抑制杂菌生长及酶活性的防腐作用；呈味作用。

食碱：和食盐对面筋质有相似的作用，也能收敛面筋质，增大面团弹性；碱对面条有呈色作用（类黄酮物质与铁离子结合呈色）使面条出现淡黄色，起着色作用但色泽不明亮；使面条产生一种特有的碱性风味，爽口不黏，煮时不混汤；能使湿切面不容易酸败变质，便于流通销售。

海藻酸钠：主要性能是胶凝化，形成可供食用的凝胶，近似于固体，以保持成型的形状；改善面团的加工性能，提高产品吸水性能；降低产品表面粗糙度，提高面条营养价值。

黄原胶：增稠剂，溶液黏度几乎不受温度、酸碱度和盐类的影响，能够增加面团黏弹性，提高面条表面光洁度，改善口感。在信息采集时，应注意食品添加剂使用及最大使用量符合 GB 2760—2014 的规定。

① 食品添加剂使用原则：

（a）不应对人体产生任何健康危害。每种食品添加剂都规定了适用的食品名称、最大使用量，有的还规定了最大残留量。GB 2760—2014《食品安全国家标准　食品添加剂使用标准》中规定的最大使用量是依据以下程序确定的：由联合国食品添加剂联合专家委员会制定国际通用的日允许摄入量，这是基础性数据，结合通用的饮食习惯计算最大使用量，由其在食品中的降解计算最大残留量。为贯彻该原则，需做到以下两点：一是禁止超范围使用；二是禁止超量使用。例如，同一功能的食品添加剂（相同色泽着色剂、防腐剂、抗氧化剂）在混合使用时，各自用量占其最大使用量的比例之和不应超过 1。

（b）不应掩盖食品腐败变质。

（c）不应掩盖食品本身或加工过程中的质量缺陷，或以掺杂、掺假、伪造为目的而使用食品添加剂。

（d）不应降低食品本身的营养价值。

（e）在达到预期效果的前提下，尽可能降低在食品中的使用量。

② 在以下情况下可使用食品添加剂：

（a）保持或提高食品本身的营养价值。例如，抗氧化剂维生素 C 用于切块水果。

（b）作为某些特殊膳食用食品的必要配料或成分。例如，营养粉中加入的维生素类。

（c）提高食品的质量和稳定性，改进其感官特性。例如，生湿面制品中加入漂白剂亚硫酸钠是为了改进色泽。

(d) 便于食品的生产、加工、包装、运输或储存。例如，在面条中加入防腐剂丙酸及其钠盐。

③ 食品添加剂应符合相应的质量规格要求。使用合法供应的、质量合格的食品添加剂。

④ 由食品配料（含食品添加剂）中的食品添加剂带入食品中的，则应符合带入原则：

(a) 配料所用食品添加剂的品种和最大使用量应符合 GB 2760—2014 的规定。

(b) 应在正常生产工艺条件下使用这些配料，并且食品中该食品添加剂的含量不应超过由配料带入的水平。

(c) 由配料带入食品中的该添加剂的含量应明显低于直接将其添加到该食品中通常所需要的水平。

(4) 烘干条件　面条制作烘干工序的主导思想是平稳运行、均匀脱水。干燥方法有自然干燥和烘房干燥两种。

① 自然干燥就是在风和日暖（气温不低于 20 ℃）、相对湿度 60%～80% 的地区或季节，将湿面条挂在挂杆上，自然风干。由于烘干时间长，产品质量好且不易出现酥面。我国民间多用此法。

② 烘房干燥可分为 4 个阶段：

(a) 冷风定条阶段：使面条表面硬化，以防止相互粘连，使面条形状固化。在冷风定条过程中，面条表皮的一层水分蒸发掉，形成定型的毛细孔，为面条内水分的下一步蒸发造成通道。冷风定条是在常温 30 ℃ 左右环境下进行，如果面条一进入烘干房，就提高烘干的温湿度差，面条内含水分迅速蒸发，使面条内的蒸汽压力迅速提高，就会破坏表层已固化的毛细孔，破坏面筋质。

(b) 保潮出汗阶段：要控制温度不要太高，湿度不要太大，使面条预热保潮、水分慢慢蒸发。内含 60% 的水分就会在不破坏表层毛细孔的情况下排出，这样可以防止面条表面过早结膜，保持面条表面毛细孔的畅通。若不经保潮出汗阶段，把经冷风定条的湿面条直接进入高温低潮阶段蒸发烘干，必然产生外层干得快、表面结膜，封闭蒸发毛细孔，导致外干内潮。此时，如果继续升温，面条内部就会产生蒸汽压，蒸汽就会向外冲，形成眼睛看不见的微细裂纹。而后，出烘干房后经过一段时间，内外水分恢复平衡，就会产生酥条现象。因此，保温出汗是防止外干内潮酥面的关键。

(c) 升温降潮阶段：这个阶段是要进一步升温，逐步降低相对湿度，进行去湿，使面条在升温低湿的环境中迅速地蒸发水分。面条在这个时段不会破坏面筋质：一是干面层厚度加大，能够承受一定的内压；二是有60%的水分在第二道工序中已排放掉，不会产生大的内压，可称为主干燥阶段。

（d）降温散热阶段：面条的水分已基本被蒸发掉。在这个阶段面条散发热量，逐步达到接近或略高于室内常温，同时继续蒸发一小部分水分，达到规定标准的含水量，并使面条内外水分平衡。

【实际操作】

1. 小麦原料收购信息

小麦原料收购前都应进行交收检验，以便了解其质量安全状况。交收检验一般由生产加工企业实验室负责，也可委托有资质的实验室进行。检验项目按照合同约定，或按产品标准选择相关项目进行。小麦原料入库后，也应对其质量进行定期监测，以便了解小麦原粮在存储期间的质量安全状况。收购小麦原粮的检验信息主要包括溯源信息和质量信息。小麦原粮收购记录单见表2-37。

表2-37　小麦原粮收购记录单

日期	品种名称	种植者	交售者	地点	数量	收购批次	交收检验	收购人	备注

小麦原粮交收检验项目因类型、品种不同而有所差异，具体项目参照合同或产品标准选择相关项目执行。例如，在GB 1351—2008《小麦》中各类小麦的质量要求见表2-38；GB/T 17892—1999《优质小麦　强筋小麦》的品质指标见表2-39；GB/T 17893—1999《优质小麦　弱筋小麦》品质指标见表2-40。

表2-38　小麦质量要求

等级	容重（g/L）	不完善粒（%）	杂质（%）		水分（%）	色泽、气味
			总量	其中：矿物质		
1	≥790	≤6.0	≤1.0	≤0.5	≤12.5	正常
2	≥770	≤6.0				
3	≥750	≤8.0				
4	≥730	≤8.0				
5	≥710	≤10.0				
等外	<710	—				

注："—"为不要求。

表 2 - 39 强筋小麦品质指标

项目			指标		
			一等	二等	检测方法
籽粒	容重（g/L）		≥770		GB/T 5498
	水分（%）		≤12.5		GB 5009.3
	不完善粒（%）		≤6.0		GB/T 5494
	杂质（%）	总量	≤1.0		GB/T 5494
		矿物质	≤0.5		
	色泽、气味		正常		GB/T 5492
	降落数值（s）		≥300		GB/T 10361
	粗蛋白质（干基）（%）		≥15.0	≥14.0	GB/T 5009.5
小麦粉	湿面筋（14%水分基）（%）		≥35.0	≥32.0	GB/T 5506.1 和 GB/T 5506.2
	面团稳定时间（min）		≥10.0	≥7.0	GB/T 14614
	烘焙品质评分值		≥80		GB/T 35869

表 2 - 40 弱筋小麦品质指标

项目			指标	检测方法
籽粒	容重（g/L）		≥750	GB/T 5498
	水分（%）		≤12.5	GB 5009.3
	不完善粒（%）		≤6.0	GB/T 5494
	杂质（%）	总量	≤1.0	GB/T 5494
		矿物质	≤0.5	
	色泽、气味		正常	GB/T 5492
	降落数值（s）		≥300	GB/T 10361
	粗蛋白质（干基）（%）		≤11.5	GB/T 5009.5
小麦粉	湿面筋（14%水分基）（%）		≤22.0	GB/T 5506.1 GB/T 5506.2
	面团稳定时间（min）		≤2.5	GB/T 14614

2. 原料入库

小麦仓储应符合粮食储存有关标准和技术规范的要求。小麦收购和储存企业应按国家粮食质量标准对入库质量进行质量检验、储存质量进行定期检查，保留原始记录。小麦原料入库记录单见表 2 - 41。小麦原料库原料定期检验单见表 2-42。

表 2-41　小麦原料入库记录单

入库人	品种名称	原料来源地	入库时间	数量	库房号及堆放号	库房温度	库房湿度	领料人	出库时间	出库数量

表 2-42　小麦原料库原料定期检验单

库房号及堆号	品种名称	质量等级	检验时间	检验人

检验项目	检验方法	结果
水分（%）	GB/T 5492—2008	
杂质（%）	GB/T 5494—2008	
容重（g/L）	GB/T 5498—2013	
不完善粒（%）	GB/T 5494—2008	
色泽、气味	GB 5009.3—2016	

3. 清理信息

（1）小麦的清理流程

① 原料的接收：接收输送→初清→计量→原料储存仓。

原料接收工序的特点是工艺过程较简单，设备较少，物料流量大且不稳定，波动大，原料含杂较多。

② 原料搭配工序：车间毛麦仓中的原料由储存仓输入，一般按日处理量组织进料，按搭配的要求分品种进仓，仓下的配麦器控制搭配比例及后续毛麦清理工序的流量。

③ 毛麦清理：车间毛麦仓（包括搭配与流量控制）→（中间仓→自动计量）→筛选→风选→磁选→去石→精选→打麦→筛选→风选→水分调节。

毛麦清理工序中的打麦应采取轻打，通常打后的物料必须采用筛选与风选相结合的方式清除物料中的小杂。

④ 光麦清理：润麦仓→流量控制→磁选→打麦→筛选→风选（喷雾着水→净麦仓）→自动计量→入磨。

光麦清理是彻底清除原料中的各类杂质，确保入磨的纯度。针对光麦的打麦应为重打，打麦后必须设置筛选与风选。

（2）清理效果监测　为使清理工序保持稳定的工作状态，确保产品质量安全，在日常生产中须坚持对清理的环节进行监测，每个工作班对麦路的工作流量、原料搭配比例、毛麦水分及净麦水分、毛麦的含杂情况、入磨小麦的纯度等应定时进行检测并记录；入磨净麦的各项指标必须满足要求，若净麦纯度不符合要求，应对毛麦、着水前小麦、光麦、净麦等原料的含杂情况进行测定，并注意对其中杂质的成分进行分析，通过比较找出残留杂质的种类与特点，以便有针对性地检查有关清理设备。对每一台工艺设备进行经常性调整及维护，保持其良好的运行状态。加工者、加工时间、加工生产线、风选、磁选、精选、毛麦仓编号等均应控制并记录。

（3）清理中常见问题的处理

① 小麦粉中含沙量超标。在原料来源较复杂的地区较常见。出现问题时，首先进行杂质分析，了解毛麦、光麦、净麦中的杂质情况，特别检查净麦残留杂质的情况；其次应检查当前清理的工作流量及稳定性是否符合要求。

② 入磨麦中含有荞子。采用袋孔类精选机时，袋孔过度磨损是常见的问题。流量过大、进机物料含杂过多是引起过度磨损的主要原因。若原料中含有粒度较大的荞子，在使用重力分级进行分级的清理中，这些荞子将存在于重力分级机分出的重粒中，应注意对重粒也进行精选。

③ 入磨麦中原料搭配比例不稳定。配麦器、车间毛麦仓的工作状态是重要的影响因素，但较常见的问题是储存仓中原料的混杂情况。若不注意按原料的品质分类单独存放，对粉路运行、产品质量也有很大影响。车间毛麦仓放料不畅可能导致配麦器的进料达不到要求，引起控制流量失稳，从而影响产品质量安全。

（4）水的污染

① 在小麦清理的过程中，将黏附在小麦表面的杂质清除掉，称为小麦的表面清理。采用水洗涤的方法称为湿法表面清理，是用水对小麦表面进行冲洗，通过水这种载体将小麦表面杂质带出，使小麦表面净化，同时浸润小麦的表皮。但洗麦水可能存在以下污染：杂质主要是以悬浮方式出现的麦皮、麦毛、尘土等有机物和无机物，使水产生混浊而产生一定的浊度；由于有机物的存在，经过一段时间（＞12 h）后，水质变化产生异味；洗涤后的污水直接排放又容易污染生产企业的加工环境。故不宜采用湿法生产的企业可采用干法清理。

② 润麦是水分调节的主要手段之一。小麦着水后，需要一定的时间使水分向小麦内部渗透，以便小麦的水分重新调整。润麦用水水质应安全、洁净，符合 GB 5749—2006《生活饮用水卫生标准》的要求。同时，这段工序是在麦润仓中进行，润麦仓应考虑到潮湿的影响（宜选用机械类型或防水性能较好的料位器），以及便于人进仓检查和做卫生工作。设置

料位器检测装置可定时监视放料过程，防止仓中原料变质。

（5）生产企业的加工环境　由于生产车间设施设计不合理、员工不注重卫生操作及温度控制不当等，都会对加工环境造成污染，影响小麦粉及面条的质量。

① 生产车间设施设备。由于厂房设施设备的布局不合理，生产工艺流程、生产线排列混乱，缺少污染区与洁净区的划分；地面、天花板、墙壁等的卫生程度不规范或不便于清洁；设备的材质及安装，设备表面的光洁度低，会增加微生物的吸附能力，因此设备材质多选用不锈钢；此外设备、管道的安装若存在死角或拆卸不方便，会造成清洁上的困难，使得微生物滋生。

② 生产车间工作人员。在所有导致小麦粉及面条加工产品的微生物污染的因素中，工作人员是最大的污染源。工作人员若不遵守卫生操作规程，极易将微生物、病原菌传播到产品上，工作人员可能在生产过程中通过接触、呼吸、咳嗽、喷嚏等方式将微生物传播到加工产品上。工作人员的手是主要污染途径，手指污染的细菌主要是金黄色葡萄球菌和肠道致病菌。要求工作人员保持个人清洁，定时有效地洗手，必要时消毒。

③ 温度控制。温度控制不当，易造成微生物污染的风险。应根据生产产品的特点，配备适宜的加热、冷却、冷冻等设施，以及用于监测温度的设施。

（6）消毒剂与清洗剂　每班次产品加工交班时，应进行打扫和清洗，确保场地、设备清理干净，定期使用消毒液进行微生杀菌消毒；加工场所相对独立，不应与农药、肥料、杂物储存点等地方混在一起。

为了尽量避免细菌污染，在操作微生物实验前应对用具消毒处理，操作人员应对手消毒后才可进行实验操作。

消毒剂用于杀灭传播媒介上病原微生物，将病原微生物消灭在进入人体之前，切断传染病的传播途径，达到控制疾病传播的目的。对设备可定期使用消毒剂消毒处理，消毒剂使用应对人体无有害残留物，对产品不留污染杂质。有机食品不使用化学合成消毒剂，但可使用 GB/T 19630—2019《有机产品　生产、加工、标识与管理体系要求》规定的食品级的过氧化氢、二氧化氯等消毒剂，见表 2-43。

表 2-43　有机食品加工中允许使用的清洁剂和消毒剂

名称	使用条件
醋酸（非合成的）	设备清洁
醋	设备清洁

（续）

名称	使用条件
盐酸	设备清洁
硝酸	设备清洁
磷酸	设备清洁
乙醇	消毒
异丙醇	消毒
过氧化氢	仅限食品级的过氧化氢，设备清洁剂
碳酸钠、碳酸氢钠	设备消毒
碳酸钾、碳酸氢钾	设备消毒
漂白剂	包括次氯酸钙、二氧化氯或次氯酸钠，可用于消毒和清洁食品接触面
过氧乙酸	设备消毒
臭氧	设备消毒
氢氧化钾	设备消毒
氢氧化钠	设备消毒
柠檬酸	设备清洁
肥皂	仅限可生物降解的，允许用于设备清洁
高锰酸钾	设备消毒

4. 制粉信息

制粉的系统包括皮磨、渣磨、心磨和相应的分级、清粉等子系统，形成连续的生产过程。研磨一般用辊式磨粉机。用筛体作平面圆周运动的平筛进行分级。

（1）研磨 现有的制粉工艺还不能把胚乳和麦皮完全分开。小麦出粉率愈高，小麦粉中混入的麦皮就愈多。采用完善工艺加工的出粉率为70%的面粉，其灰分（矿物质）含量最低，接近胚乳灰分；当出粉率增加至85%时，面粉灰分就增至0.92%，表明粉内混有较多的表皮，质量较次。小麦粉的质量标准应符合 GB/T 1355—1986《小麦粉》、GB/T 8607—1988《高筋小麦粉》、GB/T 8608—1988《低筋小麦粉》的要求。

（2）筛网孔径

① 粗筛：分离皮磨系统的麸片，一般金属丝网，具有强度大、耐磨、不虫蚀，但无吸湿性，易受潮生锈，筛孔易变形。用来筛理较大的物料。

② 分级筛：将麦渣、麦心按颗粒大小分级的筛面，一般用细金属丝网或非金属丝网（蚕丝筛网、合成纤维筛网）。蚕丝筛网用优质蚕丝编织而

103

成、坚韧有弹性、有吸湿性，可减少水汽在筛格内凝结，避免筛孔堵塞；较易磨损用久后易起毛，价格也较贵。合成纤维筛网孔径均匀、网面平挺、强度高、耐磨、不堵孔、不并丝、不变形，但吸湿性差，易受潮、热影响。非金属丝筛网的筛网编织方法有全绞织（Q）、半绞织（B）和平织（P）。

③ 细筛：用于分离粗粉，是对略大于小麦粉的细小物料进行分级的筛面，筛孔较小，其筛上物为细麦心。用细金属丝网或非金属丝网。

④ 粉筛：筛出成品面粉的筛网，其筛下物为小麦粉，筛上物为麦心或粗粉。一般用非金属丝网。

⑤ 筛网的规定及要求：GB/T 14014—2008《合成纤维筛网》规定了非金属丝网的规格、型号、代号。GB/T 5330—2003《工业用金属丝编织方孔筛网》规定了金属丝网的型式、型号和规格。金属丝筛网的规格以一个汉语拼音字母和一组数字来表示具体型号，字母表示金属丝材料。例如，Z 指镀锌低碳钢丝筛网，R 指软低碳钢丝筛网；数字表示每 50 mm筛网上的筛孔数。非金属丝筛网型号：蚕丝（C）、锦纶丝（J）、锦纶蚕丝（JC）。例如，CB50 表示每 1 cm 筛网长度上有 50 个筛孔的半绞织蚕丝筛网。半绞织筛网型号和规格见表 2-44。所用筛网均应定期进行计量检定或校准以确保孔径的准确性，并应记录。

表 2-44　半绞织筛网型号和规格

型号规格	每厘米孔数	孔宽（mm）	有效筛理面积（%）
CB30	30	0.198	35.28
CB33	33	0.181	35.73
CB36	36	0.160	33.03
CB39	39	0.147	32.72
CB42	42	0.137	33.16
CB46	46	0.123	32.14
CB50	50	0.119	35.50
CB54	54	0.105	32.07

（3）分级　小麦粉等级标准见 GB/T 1355—1986，小麦粉按加工精度分等，各项指标的检验按 GB 5490～GB 5539 粮油检验系列标准执行，小麦粉等级指标及其他质量指标见表 2-45；

GB/T 8607—1988 中规定了高筋小麦粉等级指标、其他质量指标及检测方法见表 2-46；

GB/T 8608—1988 规定了低筋小麦粉等级、其他质量指标及检测方法见表 2-47。

表 2-45 小麦粉等级指标及其他质量指标

等级	加工精度	灰分（以干基计）（%）	粗细度（%）	面筋质（以湿基计）（%）	含沙量（%）	磁性金属物（g/kg）	水分（%）	脂肪酸值（以湿基计）	气味口味
特制一等	按实物标准样品对照检验粉色麸星	≤0.70	全部通过 CB36 号筛，留存在 CB42 号筛的不超过 10.0%	≥26.0	≤0.02	≤0.003	≤14.0	≤80	正常
特制二等	按实物标准样品对照检验粉色麸星	≤0.85	全部通过 CB30 号筛，留存在 CB36 号筛的不超过 10.0%	≥25.0	≤0.02	≤0.003	≤14.0	≤80	正常
标准粉	按实物标准样品对照检验粉色麸星	≤1.10	全部通过 CQ20 号筛，留存在 CB30 号筛的不超过 20.0%	≥24.0	≤0.02	≤0.003	≤13.5	≤80	正常
普通粉	按实物标准样品对照检验粉色麸星	≤1.40	全部通过 CQ20 号筛	≥22.0	≤0.02	≤0.003	≤13.5	≤80	正常

表 2-46 高筋小麦粉等级指标、其他质量指标及检测方法

质量指标	检测方法	等级	
		1	2
面筋质（以湿基计）（%）	GB 5506	≥30.0	
蛋白质（以干基计）（%）	GB 5009.4—2016	≥12.2	
灰分（以干基计）（%）	GB 5009.4—2016	≤0.70	≤0.85
粉色麸星	GB 5504	按实物标准样品对照检验	
粗细度	GB 5507	全部通过 CB36 号筛，留存在 CB42 号筛的不超过 10.0%	
		全部通过 CB30 号筛，留存在 CB36 号筛的不超过 10.0%	

（续）

质量指标	检测方法	等级	
		1	2
含沙量（%）	GB 5508	≤0.02	
磁性金属物（g/kg）	GB 5509	≤0.003	
水分（%）	GB 5009.3—2016	≤14.5	
脂肪酸值（以湿基计）	GB 5510	≤80	
气味、口味	GB 5492	正常	

表 2-47　低筋小麦粉等级、其他质量指标及检测方法

质量指标	检测方法	等级	
		1	2
面筋质（以湿基计）（%）	GB 5506	≥24.0	
蛋白质（以干基计）（%）	GB 5009.4—2016	≥10.0	
灰分（以干基计）（%）	GB 5009.4—2016	≤0.60	≤0.80
粉色麸星	GB 5504	按实物标准样品对照检验	
粗细度	GB 5507	全部通过 CB36 号筛，留存在 CB42 号筛的不超过 10.0%	
		全部通过 CB30 号筛，留存在 CB36 号筛的不超过 10.0%	
含沙量（%）	GB 5508	≤0.02	
磁性金属物（g/kg）	GB 5509	≤0.003	
水分（%）	GB 5009.3—2016	≤14.0	
脂肪酸值（以湿基计）	GB 5510	≤80	
气味、口味	GB 5492	正常	

5. 配粉信息

（1）影响配粉的因素　配粉工段一般具有配粉和储粉的功能。配粉主要是如下两个方面：

① 基础粉方面的配比。由于面粉生产线一般只能同时生产 1~3 种基础粉，想要得到更多不同的面粉只有通过配粉系统才能得以实现。

② 面粉品质方面的配粉。通过不同品质的基础粉进行搭配，并添加相关的品质改良剂，从而得到市场所需的专用粉。一般面粉后处理系统都具有相当数量的面粉散存仓、配粉仓和打包仓。不但能满足配制各种专用面粉的需要，同时还有储存散装面粉的作用。

如果不具备配粉工段，也没有面粉散存仓与配粉仓，面粉经在线添加一定的添加剂后直接打包，没有对产品进行检验的时间，则整个配粉过程都要严格遵循配方与工序，对微量喂料添加机应密切监控。

设专人负责，采取有效的措施才能保证产品合格、质量稳定。还有部分生产企业只是在散存仓的喂料绞龙通过变频器或无级变速电机控制绞龙的转速，从而控制各种粉的比例。这种方式有如下缺陷：配粉比例靠绞龙的转速控制，精度不是很高；通过绞龙的输送实现混合，混合均匀度不是很高；总粉绞龙因长度较长，在输送面粉过程中会有一定的残留，在更换专用粉品种时会造成一定的影响，而且如长期不使用还容易生虫。

（2）配粉系统的输送方式　机械输送具有投资少、能耗小的优点，但设备中面粉的残留较多，易造成品种间的污染，特别是在气温高、湿度大的环境下极易生虫对面粉造成污染。正压输送具有一次性投资少、设备简单、维修方便、没有残留等优点，成为面粉输送的主要手段，但输送电耗较高。

（3）面粉仓结拱问题　面粉仓结拱，一方面造成粉仓出料不干净，粉仓更换品种时会造成不同品种间的污染；另一方面也会产生安全隐患，粉仓的中间部分结拱较多，会在重力与其他因素的影响下使大量面粉同时冲击仓底卸料器，使设备与仓体脱落电线断裂时产生火花，发生粉尘爆炸。因此，在生产时应适当控制产品的水分与温度，加强对压运系统的吸风处理，制粉间应有良好的通风功能，若通风状况不是很好，可考虑采用设备强制通风。

（4）安全卫生　人员进入车间内必须更衣，进入直接与产品接触区域要经过风淋与消毒。

（5）配粉比例　基本粉经检查筛检查后，入杀虫机杀虫，再由螺旋输送机送入定量秤，经正压输送送入相应的散存仓。仓中几种基本粉，根据其品质的不同按比例混合搭配；或根据需要加入改良剂、营养强化剂等成为不同用途、不同等级的面粉。

配粉方法：

① 在面筋质量基本相同的情况下，根据面筋含量配粉；

② 根据面团的评价值来配粉；

③ 根据降落数值配粉；

④ 根据灰分值的不同配粉。

（6）食品添加剂使用规定

① 普通食品执行 GB 2760—2014、GB 14880—2012《食品安全国家标准　食品营养强化剂使用标准》。其中，涉及小麦粉、面条及其制品的如表 2-48 和表 2-49 所示。

表 2-48　小麦粉、面条及其制品中食品添加剂的使用标准

食品添加剂功能类别	食品添加剂名称（中国编码系统 CNS 号）	食品名称	最大使用量（g/kg）	备注
面粉处理剂	L-半胱氨酸盐酸盐（13.003）	生湿面制品（如面条、饺子皮、馄饨皮、烧卖皮）	0.3	
面粉处理剂	L-半胱氨酸盐酸盐（13.003）	发酵面制品	0.06	
面粉处理剂	L-半胱氨酸盐酸盐（13.003）	冷冻面制品	0.6	
稳定剂和凝固剂、抗结剂、消泡剂、乳化剂、水分保持剂、增稠剂	丙二醇（18.004）	生湿面制品（如面条、饺子皮、馄饨皮、烧卖皮）	1.5	
防腐剂	丙酸及其钠盐、钙盐（17.029，17.006，17.005）	原粮	1.8	以丙酸计
防腐剂	丙酸及其钠盐、钙盐（17.029，17.006，17.005）	生湿面制品（如面条、饺子皮、馄饨皮、烧卖皮）	0.25	以丙酸计
增稠剂	醋酸酯淀粉（20.039）	生湿面制品（如面条、饺子皮、馄饨皮、烧卖皮）（仅限生湿面条）	按生产适量使用	
乳化剂	单，双甘油脂肪酸酯（油酸、亚油酸、棕榈酸、山嵛酸、硬脂酸、月桂酸）（10.006）	生湿面制品（如面条、饺子皮、馄饨皮、烧卖皮）	按生产适量使用	
乳化剂	单，双甘油脂肪酸酯（油酸、亚油酸、棕榈酸、山嵛酸、硬脂酸、月桂酸）（10.006）	生干面制品	30.0	
防腐剂	单辛酸甘油酯（17.031）	生湿面制品（如面条、饺子皮、馄饨皮、烧卖皮）	1.0	

（续）

食品添加剂功能类别	食品添加剂名称（中国编码系统 CNS 号）	食品名称	最大使用量（g/kg）	备注
抗结剂	二氧化硅（02.004）	原粮	1.2	
漂白剂、防腐剂、抗氧化剂	二氧化硫、焦亚硫酸钾、焦亚硫酸钠、亚硫酸钠、亚硫酸氢钠、低亚硫酸钠（05.001、05.002、05.003、05.004、05.005、05.006）	生湿面制品（如面条、饺子皮、馄饨皮、烧卖皮）（仅限拉面）	0.05	最大使用量以二氧化硫残留量计
酸度调节剂	富马酸（01.110）	生湿面制品（如面条、饺子皮、馄饨皮、烧卖皮）	0.6	
酸度调节剂	富马酸一钠（01.311）	生湿面制品（如面条、饺子皮、馄饨皮、烧卖皮）	按生产需要适量使用	
着色剂	柑橘黄（08.143）	生干面制品	按生产需要适量使用	
乳化剂、稳定剂、增稠剂	果胶（20.006）	生湿面制品（如面条、饺子皮、馄饨皮、烧卖皮）	按生产需要适量使用	
乳化剂、稳定剂、增稠剂	果胶（20.006）	生干面制品	按生产需要适量使用	
增稠剂、乳化剂、稳定剂	海藻酸丙二醇（20.010）	生湿面制品（如面条、饺子皮、馄饨皮、烧卖皮）	5.0	
增稠剂、乳化剂、稳定剂	海藻酸丙二醇（20.010）	生干面制品	5.0	

（续）

食品添加剂功能类别	食品添加剂名称（中国编码系统 CNS 号）	食品名称	最大使用量（g/kg）	备注
增稠剂	海藻酸钠（又名褐藻酸钠）（20.004）	生湿面制品（如面条、饺子皮、馄饨皮、烧卖皮）	按生产需要适量使用	
增稠剂	海藻酸钠（又名褐藻酸钠）（20.004）	生干面制品	按生产需要适量使用	
膨松剂	酒石酸氢钾（06.007）	小麦粉及其制品	按生产需要适量使用	
防腐剂	ε－聚赖氨酸盐酸盐（17.038）	小麦粉及其制品	0.30	
增稠剂	决明胶（20.045）	小麦粉制品	3.0	
乳化剂、稳定剂、增稠剂	卡拉胶（20.007）	生湿面制品（如面条、饺子皮、馄饨皮、烧卖皮）	按生产需要适量使用	
乳化剂、稳定剂、增稠剂	卡拉胶（20.007）	生干面制品	8.0g/Kg	
面粉处理剂、抗氧化剂	抗坏血酸（又名维生素 C）（04.014）	小麦粉	0.2	
稳定剂和凝固剂、增稠剂	可得然胶（20.042）	生湿面制品（如面条、饺子皮、馄饨皮、烧卖皮）	按生产需要适量使用	
稳定剂和凝固剂、增稠剂	可得然胶（20.042）	生干面制品	按生产需要适量使用	
增稠剂、乳化剂、被膜剂、抗结剂	可溶性大豆多糖（20.044）	小麦粉制品	10.0	

（续）

食品添加剂功能类别	食品添加剂名称（中国编码系统CNS号）	食品名称	最大使用量（g/kg）	备注
水分保持剂、膨松剂、酸度调节剂、稳定剂、凝固剂、抗结剂	磷酸，焦磷酸二氢二钠、焦磷酸钠、磷酸二氢钙、磷酸二氢钾、磷酸氢二铵、磷酸三钙、磷酸氢二钾、磷酸三钠、磷酸二氢钠、磷酸氢二钠、六偏磷酸钠、焦磷酸四钾、聚偏磷酸钾、酸式焦磷酸钙（01.106，15.008，15.004，15.007，15.010，06.008，15.009，06.006，02.003，341iii，340iii，339iii，452i，451i，339i，450v，01.308，15.001，15.002，15.003，15.005，450ii，452ii，450vii，15.006，15.007，15.013，15.015，15.016）	小麦粉及其制品	5.0	可单独或混合使用，最大使用量以磷酸根（PO_4^{3-}）计
水分保持剂、膨松剂、酸度调节剂、稳定剂、凝固剂、抗结剂	磷酸，焦磷酸二氢二钠、焦磷酸钠、磷酸二氢钙、磷酸二氢钾、磷酸氢二铵、磷酸三钙、磷酸氢二钾、磷酸三钠、磷酸二氢钠、磷酸氢二钠、六偏磷酸钠、焦磷酸四钾、聚偏磷酸钾、酸式焦磷酸钙（01.106，15.008，15.004，15.007，15.010，06.008，15.009，06.006，02.003，341iii，340iii，339iii，452i，451i，339i，450v，01.308，15.001，15.002，15.003，15.005，450ii，452ii，450vii，15.006，15.007，15.013，15.015，15.016）	小麦粉	5.0	可单独或混合使用，最大使用量以磷酸根（PO_4^{3-}）计

（续）

食品添加剂功能类别	食品添加剂名称（中国编码系统 CNS 号）	食品名称	最大使用量（g/kg）	备注
水分保持剂、膨松剂、酸度调节剂、稳定剂、凝固剂、抗结剂	磷酸、焦磷酸二氢二钠、焦磷酸钠、磷酸二氢钙、磷酸二氢钾、磷酸氢二铵、磷酸氢钙、磷酸三钙、磷酸三钾、磷酸三钠、六偏磷酸钠、三聚磷酸钠、磷酸氢二钠、磷酸二氢钠、焦磷酸四钾、焦磷酸二氢二钠、聚偏磷酸钾、酸式焦磷酸钙（01.106, 15.008, 15.004, 15.007, 15.010, 06.008, 15.009, 06.006, 02.003, 341iii, 340iii, 452i, 451i, 339i, 339ii, 450v, 01.308, 339iii, 452i, 451i, 339i, 15.002, 15.003, 15.005, 450ii, 452ii, 450vii, 15.006, 15.007, 15.013, 15.015, 15.016）	生湿面制品（如面条、饺子皮、馄饨皮、烧卖皮）	5.0	可单独或混合使用，最大使用量以磷酸根（PO_4^{3-}）计
增稠剂	磷酸化二淀粉磷酸酯（20.017）	生湿面制品（如面条、饺子皮、馄饨皮、烧卖皮）	0.2	
稳定剂、凝固剂、增稠剂、酸度调节剂	硫酸钙（又名石膏）（18.001）	小麦粉制品	1.5	
水分保持剂、酸度调节剂、抗氧化剂、膨松剂、增稠剂、稳定剂	乳酸钠（15.012）	生湿面制品（如面条、饺子皮、馄饨皮、烧卖皮）	2.4	
增稠剂	沙蒿胶（20.037）	专用小麦粉（如自发粉、饺子粉等）	0.3	
增稠剂	沙蒿胶（20.037）	生干面制品	0.3	
乳化剂、增稠剂	双乙酰酒石酸双甘油酯（10.010）	生湿面制品（如面条、饺子皮、馄饨皮、烧卖皮）	10.0	

（续）

食品添加剂功能类别	食品添加剂名称（中国编码系统CNS号）	食品名称	最大使用量（g/kg）	备注
乳化剂、增稠剂	双乙酰酒石酸双甘油酯（10.010）	生干面制品	10.0	
酸度调节剂	碳酸钙（13.006）	小麦粉	0.03	
酸度调节剂	碳酸钾（01.301）	小麦粉制品		按生产需要适量使用
酸度调节剂	碳酸钾（01.301）	生湿面制品（如面条、饺子皮、馄饨皮、烧卖皮）	60.0	
面粉处理剂、膨松剂、稳定剂、抗结剂	碳酸镁（13.005）	小麦粉	1.5	
乳化剂、稳定剂	硬脂酰乳酸钠、硬脂酰乳酸钙（10.011、10.009）	专用小麦粉（如自发粉、饺子粉等）	2.0	
乳化剂、稳定剂	硬脂酰乳酸钠、硬脂酰乳酸钙（10.011、10.009）	生湿面制品（如面条、饺子皮、馄饨皮、烧卖皮）	2.0	
增稠剂	皂荚糖胶（20.029）	专用小麦粉（如自发粉、饺子粉等）	4.0	
乳化剂	蔗糖脂肪酸酯（10.001）	专用小麦粉（如自发粉、饺子粉等）	5.0	
乳化剂	蔗糖脂肪酸酯（10.001）	生湿面制品（如面条、饺子皮、馄饨皮、烧卖皮）	4.0	
乳化剂	蔗糖脂肪酸酯（10.001）	生干面制品	4.0	
着色剂	栀子黄（08.112）	生湿面制品（如面条、饺子皮、馄饨皮、烧卖皮）	1.0	
着色剂	栀子黄（08.112）	生干面制品	0.3	

表 2-49 小麦粉及其制品中营养强化剂的允许使用品种、范围及使用量

营养强化剂	食品类别（名称）	使用量
维生素 A	小麦粉	$600 \sim 1\,200\ \mu g/kg$
维生素 B_1	小麦粉及其制品	$3 \sim 5\ mg/kg$
维生素 B_2	小麦粉及其制品	$3 \sim 5\ mg/kg$
烟酸（尼克酸）	小麦粉及其制品	$40 \sim 50\ mg/kg$
叶酸	小麦粉	$1\,000 \sim 3\,000\ \mu g/kg$
铁	小麦粉及其制品	$14 \sim 26\ mg/kg$
钙	小麦粉及其制品	$1\,600 \sim 3\,200\ mg/kg$
锌	小麦粉及其制品	$10 \sim 40\ mg/kg$
硒	小麦粉及其制品	$140 \sim 280\ \mu g/kg$
L-赖氨酸	小麦粉及其制品	$1 \sim 2\ g/kg$
络蛋白磷酸肽	粮食和粮食制品，包括大米、面粉、杂粮、淀粉等	$\leqslant 1.6\ g/kg$

② 绿色食品执行 NY/T 392—2013。其中，对生产绿色食品不应使用的食品添加剂做出规定，见表 2-50。

表 2-50 生产绿色食品不应使用的食品添加剂

食品添加剂功能类别	食品添加剂名称（中国编码系统 CNS 号）
酸度调节剂	富马酸一钠（01.311）
抗结剂	亚铁氰化钾（02.001）、亚铁氰化钠（02.008）
抗氧化剂	硫代二丙酸二月桂酯（04.012）、4-己基间苯二酚（04.013）
漂白剂	硫黄（05.007）
膨松剂	硫酸铝钾（又名钾明矾）（06.004）、硫酸铝铵（又名铵明矾）（06.005）
着色剂	新红及其铝色淀（08.004）、二氧化钛（08.011）、赤藓红及其铝色淀（08.003）、焦糖色（亚硫酸铵法）（08.109）、焦糖色（加氨生产）（08.110）
护色剂	硝酸钠（09.001）、亚硝酸钠（09.002）、硝酸钾（09.003）、亚硝酸钾（09.004）
乳化剂	山梨醇酐单月桂酸酯（又名司盘 20）（10.024）、山梨醇酐单棕榈酸酯（又名司盘 40）（10.008）、山梨醇酐单油酸酯（又名司盘 80）（10.005）、聚氧乙烯山梨醇酐单月桂酸酯（又名吐温 20）（10.025）、聚氧乙烯山梨醇酐单棕榈酸酯（又名吐温 40）（10.026）、聚氧乙烯山梨醇酐单油酸酯（又名吐温 80）（10.016）

（续）

食品添加剂功能类别	食品添加剂名称（中国编码系统 CNS 号）
防腐剂	苯甲酸（17.001）、苯甲酸钠（17.002）、乙氧基喹啉（17.010）、仲丁胺（17.011）、桂醛（17.012）、噻苯咪唑（17.018）、乙萘酚（17.021）、联苯醚（又名二苯醚）（17.022）、2-苯基苯酚钠盐（17.023）、4-苯基苯酚（17.024）、2，4-二氯苯氧乙酸（17.027）
甜味剂	糖精钠（19.001）、环己基氨基磺酸钠（又名甜蜜素）及环己基氨基磺酸钙（19.002）、L-α-天冬氨酰-N-（2，2，4，4-四甲基-3-硫化三亚甲基）-D-丙氨酰胺（又名阿力甜）（19.013）
增稠剂	菠萝胶（20.040）
胶基糖果中基础剂物质	胶基糖果中基础剂物质

注：对多功能的食品添加剂，表中的功能类别为其主要功能。

③ 有机产品执行 GB/T 19630—2019《有机产品 生产、加工、标识与管理体系要求》，允许使用的食品添加剂有 43 种，加工助剂 27 种。

（7）食品添加剂使用信息记录内容

① 食品添加剂名称。通用名称，不应使用商品名称。通用名称是其登记时的名称，并附有中国编码系统（CNS）的编号，该编号由两部分组成，即食品添加剂的主要功能类别代码和该类别中的顺序号。

② 食品添加剂来源。应注明生产商、供应商名称及联系方式、生产许可证号、产品批号、进货日期、有效期限。

③ 产品标准（使用批次中应存留 2 个最小包装，便于事故追溯时用一个包装化验结果与产品标准对比，验证是否合格；另一个包装用于仲裁）。

④ 有效成分含量。

⑤ 被投入的食品。

⑥ 使用量。

⑦ 使用方式。

⑧ 使用环节。

⑨ 使用时间。

⑩ 使用责任人。

⑪ 需记录的其他信息：如规格、数量、领用量等内容。

食品添加剂采购登记单见表 2-51、食品添加剂出入库登记单见表 2-52、食品添加剂使用登记单见表 2-53。

表2-51 食品添加剂采购登记单

序号	名称	规格	数量	生产许可证号	执行标准	产品批号	生产日期	有效成分	使用范围	保质期	生产商	联系方式	供应商	联系方式	进货日期	采购人
1																
2																
3																
4																

表2-52 食品添加剂出入库登记单

序号	名称	规格	产品批号	生产商	生产日期	入库时间	入库数量	库管员	出库时间	出库数量	领用人
1											
2											
3											
4											

表2-53 食品添加剂使用记录单

序号	使用日期	食品添加剂				加工食品品种			使用人	备注
		名称	生产日期	产品批号	使用量	名称	生产量	产品批号		
1										
2										
3										
4										

6. 面条制作信息

（1）小麦粉是面条制作生产的主要原料 普通面条专用粉执行 LS/T 3202—1993《面条用小麦粉》的技术要求，其理化指标见表 2-54。

表 2-54 面条专用粉理化指标

项目		精制级	普通级
水分（%）		≤14.5	
灰分（以干基计），（%）		≤0.55	≤0.70
粗细度	CB36	全部通过	
	CB42	留存量不超过 10.0%	
湿面筋（%）		≥28	≥26
粉质曲线稳定时间（min）		≥4.0	≥3.0
降落数值（s）		≥200	
含沙量（%）		≤0.02	
磁性金属物（g/kg）		≤0.003	
气味		无异味	

（2）绿色食品执行 NY/T 1512—2014 的技术要求 理化指标见表 2-55。污染物、农药残留、食品添加剂及真菌毒素限量应符合食品安全国家标准及相关规定的同时应符合表 2-56 的规定。微生物限量应符合表 2-57 的规定。

表 2-55 理化指标

项目	指标			
	生面食制品		米粉制品	
	干制品	湿制品	干制品	湿制品
水分（%）	≤14.5	≤60.0	≤14.5	≤60.0
酸度（KOH）（mL/10 g）	4.0		4.0	
其他理化指标应符合相关产品国家标准的规定				

表 2-56 污染物、农药残留、食品添加剂及真菌毒素限量及检验方法

项目	指标		检验方法
	生面食制品	米粉制品	
无机砷（以 As 计）（mg/kg）	≤0.2	≤0.2	GB 5009.11
铅（以 Pb 计）（mg/kg）	≤0.2	≤0.2	GB 5009.12

（续）

项目	指标		检验方法
	生面食制品	米粉制品	
总汞（以 Hg 计）（mg/kg）	≤0.02	≤0.02	GB 5009.17
镉（以 Cd 计）（mg/kg）	≤0.1	≤0.2	GB 5009.15
甲拌磷（μg/kg）	不得检出（≤4）	—	GB/T 5009.20
敌敌畏（μg/kg）	—	不得检出（≤5）	GB/T 5009.20
毒死蜱（μg/kg）	—	不得检出（≤8）	GB/T 5009.145
乐果（μg/kg）	不得检出（≤2）	不得检出（≤2）	GB/T 5009.145
溴氰菊酯（μg/kg）	不得检出（≤3.1）	不得检出（≤3.1）	GB/T 5009.110
氰戊菊酯（μg/kg）	不得检出（≤0.88）	—	GB/T 5009.110
吡虫啉（mg/kg）	—	不得检出（≤0.02）	SN/T 1017.8
铝（以 Al 计）（mg/kg）	≤50	≤50	GB 5009.182
二氧化硫（mg/kg）	不得检出（≤1）	50 或不得检出（≤1）	GB 5009.34
黄曲霉毒素（μg/kg）	≤5.0	≤5.0	LS/T 6138—2020
脱氧雪腐刀菌烯醇（μg/kg）	≤1 000	—	LS/T 6127—2017

表 2 - 57　微生物限量级检验方法

项目	指标	检验方法
菌落总数（CFU/g）	≤300 000	GB 4789.2
沙门氏菌	0/25 g	GB 4789.4

（3）面条用水水质　面条用水水质应符合 GB 5749—2006 的要求。水质常规指标及限值见表 2 - 58。

表 2 - 58　水质常规指标及限值

指标	限值
1. 微生物指标[a]	
总大肠菌群（MPN/100 mL 或 CFU/100 mL）	不得检出
耐热大肠菌群（MPN/100 mL 或 CFU/100 mL）	不得检出
大肠埃希氏菌（MPN/100 mL 或 CFU/100 mL）	不得检出
菌落总数（CFU/mL）	100

（续）

指标	限值
2. 毒理指标	
砷（mg/L）	0.01
镉（mg/L）	0.005
铬（六价）（mg/L）	0.05
铅（mg/L）	0.01
汞（mg/L）	0.001
硒（mg/L）	0.01
氰化物（mg/L）	0.05
氟化物（mg/L）	1.0
硝酸盐（以 N 计）（mg/L）	10 地下水源限制为 20
三氯甲烷（mg/L）	0.06
四氯化碳（mg/L）	0.002
溴酸盐（使用臭氧时）（mg/L）	0.01
甲醛（使用臭氧时）（mg/L）	0.9
亚氯酸盐（使用二氧化氯消毒时）（mg/L）	0.7
氯酸盐（使用复合二氧化氯消毒时）（mg/L）	0.7
3. 感官性状和一般化学指标	
色度（铂钴色度单位）	15
浑浊度（散射混浊度单位）NTU	1 水源与净水条件限制时为 3
臭和味	无异臭、异味
肉眼可见物	无
pH	$\geqslant6.5$ 且 $\leqslant8.5$
铝（mg/L）	0.2
铁（mg/L）	0.3
锰（mg/L）	0.1
铜（mg/L）	1.0
锌（mg/L）	1.0
氯化物（mg/L）	250
硫酸盐（mg/L）	250
溶解性总体（mg/L）	1 000

（续）

指标	限值
总硬度（以 CaCO₃ 计）（mg/L））	450
耗氧量（COD_Mn 法，以 O₂ 计）（mg/L）	3 水源限制，原水耗氧量＞6 mg/L 时为 5
挥发酚类（以苯酚计）（mg/L）	0.002
阴离子合成洗涤剂（mg/L）	0.3
4. 放射性指标[b]	指导值
总 α 放射性（Bq/L）	0.5
总 β 放射性（Bq/L）	1

[a] MPN 表示最可能数；CFU 表示菌落群形成单位。当水样检测出总大肠菌群时，应进一步检验大肠埃希氏菌或耐热大肠菌群；水样未检出大肠菌群，不必检验大肠埃希氏菌或耐热大肠菌群。

[b] 放射性指标超过指导值，应进行核素分析和评价，判定能否饮用。

（4）食品添加剂　见第二章第六节"加工信息"中"实际操作"的"5. 配粉信息"（6）、（7）条。

（5）烘干条件　JB/T 13179—2017《挂面干燥系统》适用于将湿面条进行连续脱水干燥为成品挂面［含水量（质量分数）≤14.5％］的挂面干燥系统，规定了干燥系统的技术要求、试验方法等。

烘干过程的主要参数见表 2-59。

表 2-59　烘干过程的主要参数

干燥阶段	温度（℃）	相对湿度（％）	运行时间占总运行时间的百分率（％）
冷风定条	低于室温 1～5	85～95	25
保潮出汗	35～40	80～90	15
升温降潮	40～50	55～65	35
降温散热	高于室温 2～10	60～70	25

面条烘干作为整个面条制作生产过程中是关键控制点的重点，冬季要防止面条酥条，在春夏之际要防止面条发酸，具体做法如下：

① 必须定期清理烘房内的掉面，防止面发酸变质。

② 每隔 30 分钟进入烘房检查各区面条的脱水情况，出现异常要及时地处理。

③ 实时关注各区显示器显示的温湿度数据，出现异常立即进入烘房

确认调节。

④ 做好每小时烘房关键数据的记录，并保证数据的真实性和准确性。

九、包装信息

【标准原文】

7.3 包装信息

责任人、包装环境条件、包装材料、规格、生产日期和批号等。

【内容解读】

1. 责任人

责任人是指进行纸质信息记录的人员和电子信息的录入人员。该责任人包括质量安全追溯工作的责任人以及生产投入品供应企业责任人。

2. 包装环境条件

主要包括包装环境的温度、湿度信息。例如，面条包装等涉及无菌包装的产品，应记录包装环境的无菌状况。

3. 包装材料

包装材料的选择应清洁、卫生，不应因与小麦粉及面条发生化学作用而产生变化，符合国家有关食品卫生标准和管理办法的规定。包装材料应按包装技术要求，合理选择安全、卫生、环保的包装材料；需要冷藏运输的湿面条，其包装材料的选择除考虑上述因素外，还应考虑所使用的预冷方法。

小麦粉、面条生产企业可用的包装材料有：小麦粉袋包括塑料小麦粉袋、纸小麦粉袋、棉布小麦粉袋、复合材料小麦粉袋。面条袋包括面条纸袋包装、面条纸盒包装、面条纸箱包装、湿面条真空包装等。

4. 规格

包装规格是指同一预包装内含有多件预包装食品时，对净含量和内含件数关系的表述。

包装产品规格尺寸的设计应给封口、气调或采用真空包装留有足够余量，规格尺寸应参照有关尺寸标准规定，并与运输包装尺寸相匹配。

（1）净含量和规格

① 净含量的标示应由净含量、数字和法定计量单位组成。

② 标示包装物（容器）中食品的净含量，应采用法定计量单位。例如，固态食品用质量单位克（g）或千克（kg）。

③ 净含量的计量单位应按表 2-60 标示。

表 2-60　净含量计量单位的标示方式

计量方式	净含量（Q）的范围	计量单位
质量	$Q<1\,000\ g$ $Q\geqslant1\,000\ g$	克（g） 千克（kg）

④ 同一预包装内含有多个单件预包装食品时，大包装在标示净含量的同时还应标示规格。

⑤ 规格的标示应由单件预包装食品净含量和件数组成，或只标示件数，可不标示"规格"二字。单件预包装食品的规格即指净含量。

（2）生产者、经销者的名称、地址和联系方式

① 应当标注生产者的名称、地址和联系方式。生产者名称和地址应当是依法登记注册、能够承担产品安全质量责任的生产者的名称、地址。有下列情形之一的，应按下列要求予以标示：

（a）依法独立承担法律责任的集团公司、集团公司的子公司，应标示各自的名称和地址。

（b）不能依法独立承担法律责任的集团公司的分公司或集团公司的生产基地，应标示集团公司和分公司（生产基地）的名称、地址；或仅标示集团公司的名称、地址及产地，产地应当按照行政区划标注到地市级地域。

（c）受其他单位委托加工预包装食品的，应标示委托单位和受委托单位的名称和地址；或仅标示委托单位的名称和地址及产地，产地应当按照行政区划标注到地市级地域。

② 依法承担法律责任的生产者或经销者的联系方式应标示以下至少一项内容：电话、传真、网络联系方式等，或与地址一并标示的邮政地址。

5. 生产日期

小麦粉或面条加工成为最终产品的日期，也包括包装日期，即将小麦粉及面条装入包装物或容器中，形成最终销售单元的日期。

日期标示应满足如下要求：

（1）应清晰标示预包装食品的生产日期和保质期　例如，日期标示采用"见包装物某部位"的形式，应标示所在包装物的具体部位。日期标示不得另外加贴、补印或篡改。

（2）当同一预包装内含有多个标示了生产日期及保质期的单件预包装食品时，外包装上标示的保质期应按最早到期的单件食品的保质期计算；外包装上标示的生产日期应为最早生产的单件食品的生产日期，或外包装形成销售单元的日期；也可在外包装上分别标示各单件装食品的生产日期

和保质期。

（3）应按年、月、日的顺序标示日期　如果不按此顺序标示，应注明日期标示顺序。

6. 批号

依据 LS/T 3248—2017《中国好粮油　小麦粉》和 LS/T 3212—2014《挂面》中规定，同原料、同工艺、同设备、同班次加工的产品为一批。

【实际操作】

1. 包装环境条件

产品的包装过程应保证产品的品质和卫生安全，避免杂质、致病微生物等污染产品。

包装环境记录见表 2-61。

表 2-61　包装环境记录

日期	地点	产品名称	产品批次号	环境条件			记录人
				温度（℃）	湿度（%）	……	

2. 包装材料

GB/T 17109—2008《粮食销售包装》中规定包装材料应按包装技术要求，包装容器应便于消费者开启、使用、搬运、储存，包装容器的生产应取得食品包装卫生许可证。包装内外整齐，外包装要求防水、防尘、防污染。包装材质来源应满足以下要求：

（1）包装材料要求

① 应按包装技术要求，合理选择安全、卫生、环保的包装材料。

② 包装材料不应与内装物发生任何物理和化学作用而损坏内装物，包装材料应为食品级材质。

③ 与内装物直接接触的包装容器和材料应符合相应材质卫生标准及产品标准的要求。

④ 采用气调、真空等包装技术的，气密性应符合相关标准的要求。

（2）包装材料的选择原则

① 具有较好的保护性，在装卸、运输和堆码过程中有足够的机械强度。

② 具有一定的通透性，有利于产品散热及气体交换。

③ 对于湿面条的包装要具有一定的保湿保鲜性能，可减少水分损失。

④ 具有无污染、无异味、无有害化学物质、卫生美观、重量轻、成本低、易于回收和处理等特点。

⑤ 包装要与被包装商品的价值与档次相适应，切忌一流产品、二流包装、三流价格的落后包装和过度华丽包装增加消费负担。

⑥ 包装容器的尺寸、形状应根据产品特点、储运与销售的需要来确定，以便最大限度地提高产品的质量和经济效益。

（3）包装材料的控制

① 建立与产品直接接触内包装材料合格供方名录，制定验收标准。

② 包装材料接收时应由供方提供符合相关法律法规、标准要求的检验报告。

③ 当供方或材质发生变化时，应重新评价，并由供方提供检验报告。

（4）包装材料采购与验收的记录应包括的内容

① 包装材料的名称、规格、数量、采购日期、供货单位、合格证、合同名称、采购者名称。

② 包装材料的供货清单、供货日期、供货者名称及其联系方式。

③ 包装材料的验收所依据标准或者规范的名称（或编号）、验收情况、验收不合格包装材料的处理、验收者名称。

④ 包装材料的储存地点、储存条件、保质期，如产品采用复合膜、袋进行包装，则依据 GB/T 21302—2007《包装用复合膜、袋通则》中规定，产品保质期自生产之日起一年。

包装材料采购记录见表 2-62，包装材料验收记录见表 2-63。

表 2-62 包装材料采购记录

采购日期	包装材料名称	产品批号	规格	数量	检测报告	供货商	联系方式	采购人

表 2-63 包装材料验收记录

包装材料名称			规格		
产品批号			供应商		
验证项目					
序号	验证项目		验证情况	判定	
1	尺寸		□有□无	□符合□不符合	
2	破损		□有□无	□符合□不符合	
3	图案、文字是否清晰、正确		□有□无	□符合□不符合	
验收结果：□合格□不合格					
检验员：		检验时间：			

3. 规格

（1）预包装产品 GB 7718—2011《食品安全国家标准 预包装食品标签通则》中关于包装规格规定如下：

① 净含量和规格的标示。为方便表述，净含量的示例统一使用质量为计量方式，使用冒号为分隔符。标签上应使用实际产品适用的计量单位，并可根据实际情况选择空格或其他符号作为分隔符，便于识读。

（a）单件预包装食品的净含量（规格）可以有如下标示形式：

净含量（或净含量/规格）：450 g；

净含量（或净含量/规格）：225 克（200 克＋送 25 克）；

净含量（或净含量/规格）：200 克＋赠 25 克；

净含量（或净含量/规格）：（200＋25）克。

（b）同一预包装内含有多件同种类的预包装食品时，净含量和规格均可以有如下标示形式：

净含量（或净含量/规格）：40 克×5；

净含量（或净含量/规格）：5×40 克；

净含量（或净含量/规格）：200 克（5×40 克）；

净含量（或净含量/规格）：200 克（40 克×5）；

净含量（或净含量/规格）：200 克（5 件）；

净含量：200 克 规格：5×40 克；

净含量：200 克 规格：40 克×5；

净含量：200 克 规格：5 件；

净含量（或净含量/规格）：200 克（100 克＋50 克×2）；

净含量（或净含量/规格）：200 克（80 克×2＋40 克）；

净含量：200 克 规格：100 克＋50 克×2；

净含量：200 克 规格：80 克×2＋40 克。

（c）同一预包装内含有多件不同种类的预包装食品时，净含量和规格可以有如下标示形式：

净含量（或净含量/规格）：200 克（A 产品 40 克×3，B 产品 40 克×2）；

净含量（或净含量/规格）：200 克（40 克×3，40 克×2）；

净含量（或净含量/规格）：100 克 A 产品，50 克×2 B 产品，50 克 C 产品；

净含量（或净含量/规格）：A 产品：100 克，B 产品：50 克×2，C 产品：50 克；

净含量/规格：100 克（A 产品），50 克×2（B 产品），50 克（C 产品）；

净含量/规格：A 产品 100 克，B 产品 50 克×2，C 产品 50 克。

② 保质期的标示。保质期可以有如下标示形式：

最好在……之前食（饮）用；……之前食（饮）用最佳；……之前最佳；

此日期前最佳……；此日期前食（饮）用最佳……；

保质期（至）……；保质期××个月（或××日，或××天，或××周，或×年）。

③ 储存条件的标示。储存条件可以标示"储存条件""储藏条件""储藏方法"等标题，或不标示标题。

储存条件可以有如下标示形式：

常温（或冷冻，或冷藏，或避光，或阴凉干燥处）保存；

××℃～××℃保存；

请置于阴凉干燥处；

常温保存，开封后需冷藏；

温度：≤××℃，湿度：≤××%。

（2）非预包装产品　根据产品特点及市场需求，选择适当的包装规格。

4. 生产日期

包装上生产日期中年、月、日可用空格、斜线、连字符、句点等符号分隔，或不用分隔符。年代号一般应标示4位数字，小包装食品也可以标示2位数字。月、日应标示2位数字。

日期的标示可以有如下形式：

2020年7月20日；

2020 07 20；

2020/07/20；

20200720；

20日7月2020年；

或采用月/日/年，有如下形式：

7月20日2020年；

07 20 2020；

07/20/2020；

07202020。

5. 批号

小麦粉或面条生产企业可以根据生产实际情况进行设定包装批次编制规则，如有多条生产线或加工线及多个生产班次或加工班组。编制规则按年（4位）＋月（2位）＋日（2位）＋生产线或加工线（1位）＋

生产班次或加工班组（1 位）＋生产加工时间（1 位）。其中，生产线或加工线、生产班次或加工班组、生产加工时间可以是英文字母也可以用数字表示。集团企业如有多个分公司，编制时可后缀分公司简称，示例图见图 2－16。

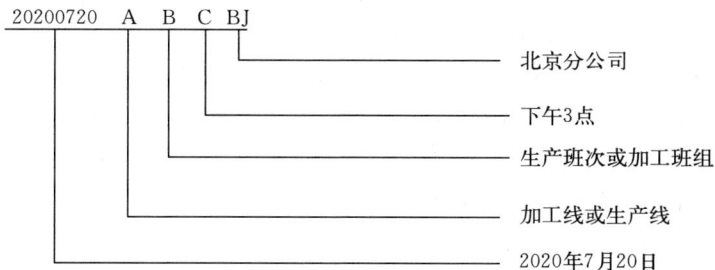

图 2－16　包装批次示例图

包装批次记录示例见表 2－64。

表 2－64　包装批次记录

原料来源	品种	产品名称	包装规格	包装数量	产品追溯码/生产批次号	责任人

十、产品储藏信息

【标准原文】

7.4　产品储藏信息

责任人、位置、日期、设施和环境条件等。

【内容解读】

生产加工企业应具备必要的储藏设施，严格控制入仓产品的质量和水分含量，采用合理的技术措施，减少损失、损耗，防止污染，延缓品质下降。产品储藏责任人应定期检查产品的质量和卫生情况，及时清理变质或超过保质期的产品。储存位置如有多个，可用编号的形式说明具体位置，如 1 号仓库、2 号仓库等；日期应包括入库和出库日期；储藏设施包括常温储藏所用架设、冷藏或冷冻所用设施；储藏环境应包括温度和湿度。小麦粉及面条产品的储藏可参照 GB/T 29890—2013《粮油储藏技术规范》

的要求，确保产品储藏安全。

【实际操作】

1. 责任人

① 做好入仓前准备。对空仓、设备、器材和用具进行检查和维修，确认粮仓、门窗完好，所有设备运转正常。

② 空仓、货场及作业区应清扫干净，清除舱内的残留粮粒、灰尘和杂物，仓库卫生应符合 GB 14881—2013《食品安全国家标准　食品生产通用卫生规范》的要求。

③ 空仓、包装器材、装粮器材、装粮用具和输送设备有活虫时，应采用国家允许使用的杀虫剂进行杀虫处理并做好隔离工作。

④ 应按种类、等级、批次分开储藏，并划设堆垛位置线。小码垛堆存整齐牢靠，避免歪斜减少重复搬倒，便于降温散湿，并记录具体位置。

⑤ 建立储存设施管理记录程序，做好定期检查，应记录并保存产品入库的日期、库号、追溯码、名称、规格、数量、储藏条件、产品批次号、责任人，产品储藏记录示例见表 2 - 65。

表 2 - 65　产品储藏记录

日期	库号	追溯码	产品名称	规格	数量	储藏条件	产品批次号	责任人

2. 设施和环境条件

① 储藏条件应能够满足储存小麦粉或面条防潮、防水、气密、隔热、通风、防止有害生物等要求。

② 应减少不利环境条件，特别是高温、高湿对储藏的影响，设施之间留出消防通道，保障储藏安全。

③ 仓库地点应远离污染源，避开低洼地区，应便于出仓作业。

④ 应有防护门，门窗、通风口要严密并有隔热、密封措施，门窗、孔洞处应设防虫线和防鼠雀板、网。

⑤ 应设置通风系统，与外界相通的孔道应有密闭措施。

⑥ 仓库内应安装防尘、防爆照明灯具。

⑦ 选择配备干燥、清理、输送、计量、制冷、气调、质量检验等设备设施。

⑧ 严格控制小麦粉或面条储存过程中药剂的使用，推荐使用物理方法或生物类药剂，药剂类型、使用要求、药剂残留应符合 GB 2763《食品

安全国家标准 食品中农药最大残留限量》的要求。

⑨ 小麦粉或面条产品包装不得露天堆放或与潮湿地面接触，底层仓库内堆放产品时应用垫板垫起。垫起后，产品与地面间的距离不得小于 10 cm。堆垛应离四周墙壁 50 cm 以上，堆垛与堆垛之间应保留 50 cm 通道。

⑩ 仓库卫生应符合 GB 14881—2013《食品安全国家标准 食品生产通用卫生规范》要求。

⑪ 建立储存设施管理记录程序。

⑫ 应记录并保存产品入库的日期、库号、追溯码、名称、规格、数量、储藏条件、产品批次号、责任人，产品储藏记录见表 2-65。

3. 小麦粉储藏技术要点

（1）温度和湿度的控制 新出机的小麦粉温度较高，应经冷却之后再入仓储藏。小包装产品如湿面条等可用气调储藏或二氧化碳负压储藏、脱氧剂缺氧储藏（采用复合塑料薄膜包装，加入 0.2% 脱氧剂并密封，形成缺氧）、负压储藏（采用复合塑料薄膜包装，并抽真空密封，形成负压）。

（2）有害生物的控制 有害生物控制应遵循"以防为主，综合防治"的方针，控制措施应符合安全、卫生、经济、有效的原则。基本无虫粮和粮温不超过 15 ℃的一般虫粮，应加强检测，做好防护工作，不需要进行杀虫处理。

（3）害虫与螨类的控制

① 预防措施。

（a）做好空仓与器材的清洁卫生和杀虫处理；

（b）将粮温和相对湿度降低到害虫种群生长繁殖所需的最低水平；

（c）采用密闭或气调储藏技术抑制害虫群增长。

② 控制技术。

（a）物理方法有高温杀虫、低温控制、过筛除虫、压盖防治、气调控制、惰性粉控制、辐照杀虫；

（b）生物防治用于控制害虫和螨类的苏云金杆菌等病原体、昆虫信息素和生长调节剂等生物制剂，应符合相关国家标准并经农药管理部门登记。

（c）植物源农药防治用于控制害虫和螨类的植物源农药，应符合相关国家标准并经农药管理部门登记。使用方法与防护剂相同。

（4）微生物控制

① 采用低温或准低温储藏；

② 采用气调储藏、低氧密闭、存储。

十一、运输信息

【标准原文】

7.5 运输信息

责任人、运输工具、运输号、运输工具卫生状况、运输的日期、起止位置和数量等。

【内容解读】

运输工具应如实记录车型、车牌号；运输车辆应保证车厢洁净、无异味，记录车辆卫生状况；运输日期应记录起止的日期；运输位置应记录起止的位置；运输数量可以吨或件记录。同时，为了运输产品可追溯，记录上应有产品追溯码。

【实际操作】

产品运输信息见表 2 - 66。

表 2 - 66 产品运输信息

追溯码	运输日期	运输数量	车型	车号	车辆卫生状况	起止地点	产品批次号	责任人

十二、销售信息

【标准原文】

7.6 销售信息

发货人、市场流向、分销商、零售商、进货时间和保存条件等。

【内容解读】

1. 发货人、市场流向、分销商、零售商

发货人是指办理货物托运手续的办理人，可以是货主，也可以是受委托的代理人。市场流向的信息为具体的省市地点，其后应是具体的分销商、零售商。分销商不一定直接零售，它可流转到零售商，零售商则直接销售给消费者。以上销售信息结合追溯码上反映的信息，可以确保产品追溯信息从生产到消费的可追溯性。

2. 进货时间、保存条件

这些信息是零售商应记录的信息。进货时间可帮助确保产品别超过其保质期。保存条件应符合产品储藏条件,记录常温、冷藏或冷冻,也是产品一旦变质检查原因的依据之一。同时,可记录产品批次号,即产品生产批次。

【实际操作】

产品销售信息见表 2-67。

表 2-67　产品销售信息表

序号	产品追溯码	发货人	市场流向	分销商	零售商	进货时间	保存条件	产品批次号	责任人

十三、产品检验信息

【标准原文】

7.7　产品检验信息

产品来源、检验日期、检测机构、产品标准、产品批次和检验结果等。

【内容解读】

《中华人民共和国食品安全法》第五十一条　食品生产企业应当建立食品出厂检验记录制度,查验出厂食品的检验合格证和安全状况,如实记录食品的名称、规格、数量、生产日期或者生产批号、保质期、检验合格证号、销售日期以及购货者名称、地址、联系方式等内容,并保存相关凭证。记录和凭证保存期限应当符合本法第五十条第二款的规定。

第五十二条　食品、食品添加剂、食品相关产品的生产者,应当按照食品安全标准对所生产的食品、食品添加剂、食品相关产品进行检验,检验合格后方可出厂或者销售。

第八十九条　食品生产企业可以自行对所生产的食品进行检验,也可以委托符合本法规定的食品检验机构进行检验。

根据以上《食品安全法》的规定,为了便于产品追溯,产品的检验信息要进行全面采集,包括:

1. 产品的来源信息

该批检验产品的详细来源，如该批检验产品在哪里生产、哪个批次等。

2. 产品的检验日期

产品的出厂检测日期和型式检验日期。

3. 检验机构

生产经营主体的实验室信息，包括人员管理档案、人员培训、上岗记录、仪器检定维护记录等。

4. 产品标准

产品应符合的标准。普通食品、绿色食品和有机食品生产所依据的国家产品标准、绿色食品产品标准和有机产品标准。

5. 产品批次号

产品生产批次。

6. 检验结果

如原始记录、检验报告等。

【实际操作】

1. 产品来源

产品的来源信息体现在检验登记台账和抽样单上，检验登记台账包括样品编号、产品名称、抽样基数、样品数量、生产日期/生产批次号、抽样日期、抽样地点、记录人签名等。检验登记台账示例见表2-68。

表2-68　检验登记台账

样品编号	产品名称	抽样基数	样品数量	生产日期/批次	抽样时间	抽样地点	记录人

确定来源后进行抽样，填写产品抽样单。其中，检验类别包括出厂检验、型式检验（包括自检或交送质检部门）。抽样单包括检验登记台账信息、执行标准、追溯码、受检单位、抽样方法、受检单位（人）签字盖章和抽样人（2人）签名等信息；样品基数是指抽取样品的产品数量，单位为t或kg等，产品数量为一个追溯精度的产量，可以是一个批次的产量。抽样方法填写随机抽样国家标准。产品抽样单见表2-69。

表 2-69 产品抽样单

单位全称			
通信地址			
追溯码		电话号码	
产品名称		型号规格	
抽样地点		注册商标	
样品数量		检验类别	
抽样基数		产品等级	
执行标准		样品状态	
生产日期		到样日期	
抽样方法:		交送质检部门方式:	
受检单位经手人（签字） 年　月　日		受检单位法人（签字） 年　月　日（公章）	
抽样单位经手人（签字） 年　月　日		抽样单位法人（签字） 年　月　日（公章）	

2. 检测机构

（1）实验室设施环境　实验室使用面积适宜，布局合理、顺畅、无交叉污染，水电气齐备，温湿度与光线满足检测要求，通风要求良好，台面、地面清洁干净，实验室无噪声、粉尘等影响，安全设施齐全。

（2）人员管理

① 任职资格。实验室所有检测人员应具备产品检验检测相关知识，并经化验员职业技能技术培训、考核合格取得化验员资质。

② 检测能力。检验人员要掌握分析所必需的各种实验操作技能，掌握仪器设备的维护、保养基本知识，具备独立检测能力。

③ 人员培训。定期对人员培训，做好相应的记录，并建立人员档案，一人一档。人员培训登记表见表 2-70。

表 2-70　人员培训登记表

文件通知			
培训人员		培训时间	
培训地点		培训内容	
学习心得			

（3）检测设备　实验室检测仪器应定期进行检定或校准，并制订相应的检定或校准计划，保存相关记录，仪器设备应粘贴有效标识。仪器设备应授权给专人使用，并按照使用说明进行操作，定期维护，填写并保存详细的使用、维护、维修记录（表）。仪器维修记录表见表 2-71，仪器设备使用与维护记录表见表 2-72。

表 2-71　仪器维修记录表

仪器名称		型号		编号	
使用人		故障发生时间			
故障情况：					
故障排除情况：					
备注：					

表 2-72　仪器设备使用与维护记录表

仪器名称		型号		编号			
使用日期	样品编号	检测参数	使用起止时间	仪器使用情况	环境温度（℃）	使用人	备注

① 检查检测设备。检测设备的品种、量程、精度、性能和数量应满足原辅材料、中间产品和最终产品交收检验参数方法标准和工作量的要求，配备的检测设备与标准要求需要相适应。

② 计量器具检定有效。纳入《中华人民共和国强制检定的工作计量

器具明细目录》和《中华人民共和国依法管理的计量器具目录》的工作计量器具，应经有资质的计量检定机构计量检定合格，获得合格检定证书。

没有计量检定规程而不能计量检定的工作计量器具，可以按 JJF 1071—2010《国家计量校准规范编写规则》要求编制自校规程进行自校，也可以委托计量检定资质机构校准。

③ 检定和检定周期。可参考 GB/T 27404—2008《实验室质量控制规范 食品理化检测》附录 B "食品理化检测实验室常用仪器设备及计量周期"的规定。

3. 检测时间和检验结果

检验结果由检验报告体现，检验报告包括检验报告编号（同样品编号）、追溯码、产品名称、受检单位等。

检验原始记录是编制检验报告的依据，是查询、审查、审核检测工作质量、处理检测质量抱怨和争议的重要凭据。因此，检测原始记录内容应包括影响检测结果的全部信息，通常应包括以下要求：检测项目名称和编号、方法依据、试样状态、开始检测日期、环境条件和检测地点、仪器设备及编号、仪器分析条件、标准溶液编号、检测中发生的数据记录、计算公式、精密度信息、备注、检测、校核、审核人员签名等信息。

检验人员应对产品出厂进行监督检查，重点做好产品出厂检验工作。

（1）出厂检验（交收检验）项目、方法要求 对正式生产的产品在出厂时必须进行的最终检验，用以评定已通过型式检验的产品在出厂时是否具有型式检验中确认的质量，是否达到良好的质量特性的要求。

产品标准中规定出厂检验（交收检验）项目和方法标准的，按产品标准的规定执行。

部分产品标准中仅规定了技术要求和参数的方法标准，没有规定产品出厂检验（交收检验）项目的，可以按国家市场监督管理总局的《食品生产许可管理办法》规定的产品出厂检验（交收检验）项目和方法标准执行。

在不违反我国法律法规、政府文件和我国现行有效标准前提下，产品出厂检验（交收检验）按贸易双方合同中约定的产品的质量安全技术要求、检验方法、判定规则的要求执行。如果企业实验室具备独立检测的能力，可以自行检测；如果不具备独立检测能力可以全部委托有资质的质检机构进行出厂检验，完成出厂检验（交收检验）后应规范地填写出厂检验报告。出厂检验报告见表 2-73。

表 2 - 73   出厂检验报告

样品名称			样品编号		
样品来源			代表数量		
序号	项目	标准要求	检验结果		单项判定
1					
2					
3					
……	……				
检验结论			所检项目符合××《×××》标准规定的要求，判该批产品××		
备注：追溯码					

检验人：   责任人：
年   月   日   年   月   日

产品生产过程和入库后，应当按照产品标准要求检测产品的规定参数（企业可以根据本单位实际情况增加项目）。

（2）型式检验项目、方法要求   型式检验是依据产品标准，对产品各项指标进行的全面检验，以评定产品质量是否全面符合标准。

① 在有下列情况之一时，应进行型式检验：

——新产品或者产品转厂生产的试制定型鉴定；

——正式生产后，如结构、材料、工艺有较大改变，可能影响产品性能时；

——长期停产后，如结构、材料、工艺有较大改变，可能影响产品性能时；

——长期停产后恢复生产时；

——正常生产，按周期进行型式检验；

——出厂检验（交收检验）结果与上次型式检验有较大差异时；

——国家质量监督机构提出进行型式检验要求时；

——用户提出进行型式检验的要求时。

② 型式检验的检验项目、检验方法标准、检验规则均按产品标准规定执行。按需要还可增测产品生产过程中实际使用，而产品标准中没有要求的某一种或多种农药、兽药、食品添加剂等安全指标参数。

③ 根据生产经营主体实验室技术水平和检测能力，可以由生产经营主体实验室独立承担、或部分自己承担和部分委托、也可全部委托有资质的质检机构承担型式检验。

④ 农产品型式检验的检验频次应保持在每年至少1次。

⑤ 产品检测原始记录：试样名称、样品唯一性编号、追溯码、检验依据、检验项目名称、检验方法标准、仪器设备名称、仪器设备型号、仪器设备唯一性编号、检测环境条件（温湿度）、两个平行检测过程及结果导出的可溯源的检测数据信息（包含称样量、计量单位、标准曲线、计算公式、误差、检出限等）、检测人员、检测日期、审核人、审核日期。

⑥ 产品检验报告：检验报告编号（同样品编号）、追溯码、产品名称、受检单位（人）、生产单位、检验类别、商标、规格型号、样品等级、抽样基数、样品数量、生产日期、样品状态、抽样日期、抽样地点、检验依据、检验项目、计量单位、标准要求、检测结果、单项结论、检测依据、检验结论、批准人、审核人、制表人、签发日期。型式检验报告见表2-74。

表2-74 ＊＊＊监督检验测试中心（＊＊）检验报告

No：   共 2 页第 1 页

产品名称		型号规格	
抽检单位		商标	
受检单位		检验类别	
		样品等级	
生产单位		样品状态	
抽样地点		抽样日期 到样日期	
样品数量		抽样者 送样者	
抽样基数		原编号或 生产日期	
检验依据		检验项目	见报告第2页
所用 主要仪器		实验 环境条件	
检验 结论	（检验检测专用章） 签发日期： 年 月 日		
备注	追溯码：		

批准：   审核：   制表：

***监督检验测试中心 （＊＊）

检测结果报告书

序号	检验项目	单位	标准要求	检测结果	单项结论	检测依据
1						
2						
3						
4						
5						
6						
7						
8						
……						
注：						

第七节　信息管理

一、信息存储

【标准原文】

8.1　信息存储

应建立信息管理制度。纸质记录应及时归档，电子记录应定期备份一次。所有信息档案应至少保存 2 年。

【内容解读】

信息管理制度中的信息指在农产品质量安全追溯系统建设和运行过程中形成的、与农产品质量安全追溯相关的信息。农业生产经营主体在农产品质量安全追溯过程中应建立统一规范、分级负责、授权共享、运行安全的信息管理制度。

农产品质量安全追溯系统记录信息主要分种植信息和加工信息两部分。信息的记录方式主要分为纸质记录和电子记录。各信息采集点采集人员应根据追溯产品的各个环节做好纸质记录并及时归档；纸质记录确认正确后由信息记录员录入质量安全追溯系统平台，形成电子记录。电子记录在每次录入完成后应定期备份一次数据，纸质记录档案应防火、防潮、防盗。电子信息记录应定期进行整盘备份。所有信息档案均应由专门部门、专人负责，保存期限不得少于产品保质期满后 6 个月；没有明确保质期的，保存期限不得少于 2 年。

【实际操作】

1. 信息管理制度的建立

（1）总述

① 农业生产经营主体为加强自身产品质量安全追溯信息系统管理及设备使用、维护，保障质量安全追溯工作顺利实施，制定农业生产经营主体的信息管理制度。

② 农业生产经营主体信息管理制度旨在根据农业生产经营主体的产品质量安全追溯信息系统运行特点，结合生产管理现状、机构设置情况和设备分配情况，明确岗位责任，细化岗位分工，规范操作行为，确保系统设备正常维护、运行，保障追溯信息系统顺畅运行。

③ 农业生产经营主体信息管理制度的建立，应遵循注重实际、突出实效、强化责任、协调配合的原则。

④ 农业生产经营主体信息管理制度适用于承担该产品质量安全追溯信息系统运行任务的部门和人员。

（2）岗位职责 农业生产经营主体质量安全追溯信息系统操作流程中，各环节由专门机构负责生产和信息管理。以种植业为例：

① 种植。由统一机构或人员负责进行技术指导、信息采集，通过统一生产管理模式，采取统一供应配套的栽培技术和田间水肥管理细则，统一购置肥料、农药等投入品，统一标准作业等措施，完成产品的生产过程。信息采集由管理区信息采集员具体负责，纸质档案记录到户或种植户组，信息采集后及时通过网络传送到追溯信息系统平台。

② 小麦原料收购与检测。由加工企业合理制订小麦原料收购计划，并根据计划指派专人按追溯精度实行单收，由实验室负责对小麦原粮质量进行检测，检验合格的原粮按追溯精度分区储藏。仓储位置要与非追溯的原粮加以隔离，并设置显著的识别标志。收购、检测及仓储过程中的信息及时记录并上传。

③ 产品加工。加工企业按照追溯精度组织分批加工、包装，追溯产品的加工与非追溯产品的加工要具有一定的时间间隔。产品加工前后及时将加工信息进行采集，并通过网络上传质量安全追溯信息系统。

④ 成品入（出）库。加工企业按照生产班次接收成品，进行质量检验，并按生产批次、产品类别等分开存放，并设立标识便于区分。

⑤ 成品检测。成品检测由实验室负责，检测项目及方法按照国家相应标准执行。产品检验后填写产品出厂检验报告，并将检验结果上传。

⑥ 销售。加工企业通过各地分销商、零售商实现有计划的产品销售。

（3）设备使用及维护职责　本制度所涉及的质量安全追溯设备包括网络设备、UPS，以及各部门及采集点所分配的计算机、打印机、U 盘和农业加工生产经营主体分配的标签打印机等设备。应进行正确、安全的使用及日常的维护工作。

（4）日常运行

① 原始档案记录。原始档案记录是追溯信息的源头，信息采集人员是此项工作的责任人，主管领导对档案记录的真实性负有领导责任。信息记录人员要严格按照生产经营主体下发的信息记录表所列项目填写，保证信息完整、准确。

农业生产经营主体应设立专门机构或人员，负责对追溯项目实施过程中设备分配情况、项目运行情况、日常监管情况、信息上报情况等进行记录。

② 信息中心。农业生产经营主体信息中心负责质量安全追溯信息管理、审核、上报，拥有对追溯信息的最高管理权限。

信息中心对各采集点的数据及纸质记录进行抽查核对，发现问题退回信息采集点，核实修改后进行上报。上报数据经信息中心核查无误后，上传至质量安全追溯系统，同时对上报数据进行备份。传输追溯信息的时间不得晚于追溯产品的上市时间。

③ 信息系统应急。当出现因错误操作或其他原因造成运行错误、系统故障时，要立即停止工作，并上报故障情况。当天无法排除故障时，要保存好纸质信息记录，待系统恢复后及时将信息录入追溯系统。

喷码机、标签打印机等专用设备出现故障无法正常使用时，相关负责人要及时上报，企业质量安全追溯相关部门根据故障发生情况作出响应，下发备用设备并及时联系技术人员对故障机器进行维修，最大程度减少故障造成的影响。

（5）运行监管　信息中心、管理区、农业加工生产经营主体作为协管部门应积极配合追溯监管工作，各单位的主任、经理是监管责任人。其监管职责是：

① 信息中心负责追溯信息的日常管理，包括数据的采集、上报、审核、整理、上传等。

② 管理区主任负责种植档案填写、系统信息采集、上报的监管。

③ 农业加工生产经营主体经理负责产品加工计划、加工档案填写、信息的采集、上报的监管。同时，要对标识载体的使用进行监督。

（6）系统维护

① 设备的购置、领用及盘查。设备由农业生产经营主体信息中心统一组织采购，并按需求发放到各采集点。购置的设备应建立设备台账，在发放中确定设备使用主体及设备负责人，经签字确认后领取。设备负责人作为关键设备的直接责任人，负责对设备进行日常使用及维护，保障设备及数据安全，禁止非操作人员使用及挪作他用。信息中心定期对设备的使用情况进行检查，发现挪用、损坏现象追究相关人员责任。

② 设备使用。计算机操作维护规范：每台计算机在使用时要保持清洁、安全、良好的工作环境，禁止在计算机应用环境中放置易燃、易爆、强腐蚀、强磁性等有害计算机设备安全的物品。做好计算机的防尘工作，经常对计算机所在的环境进行清理。做好计算机防雷安全工作；打雷闪电时应暂时关闭计算机系统及周边设备，并断开电源，防止出现雷击现象。每台计算机要指定专人负责，做到专机专用。严禁挪作其他用途。每台计算机要设置管理员登录密码，防止非法用户擅自进入系统、篡改信息。不得私自拆解设备或更换、移除计算机配件；及时按正确方法清洁和保养计算机上的污垢，保证计算机正常使用及运行；操作人员有事离开时，要先退出应用软件或将桌面锁定。每台计算机均要安装有效的病毒防范和清除软件，并做到及时升级。信息录入时要注意经常备份数据，备份除在计算机中保存外，要利用U盘、移动硬盘等媒介重复备份。

③ 专用设备操作维护。包括条码打印机、喷码机等。追溯专用设备使用前，操作者均应详细阅读使用说明书，并严格遵从所有规范的操作方法。关键设备需要先对操作员进行技术培训后方可使用，未进行培训的人员不得擅自使用追溯设备。所有设备的说明书要进行统一保管，不得遗失，所有设备要登记造册，不得更换、遗失设备。

（7）人员培训 为保证质量安全追溯工作顺利实施，应对相关人员进行培训。

① 制度培训。对项目涉及的所有人员进行上岗前追溯制度及工作流程技术培训，在质量安全追溯制度修改后，要增加培训对新政策进行解读。

② 技术培训。每年农业生产开始前由农业生产经营主体相关部门对质量安全追溯涉及的生产人员、技术管理人员进行技术培训，掌握高标准的技能知识。

③ 当责任部门、追溯岗位技术人员因职务变动、岗位调换等原因发生变化时，要分别对新增人员进行管理制度和系统操作技能的培训，保证其能够尽快熟知工作制度，掌握系统操作技能。

2. 信息的存储

（1）纸质信息的存储要求

① 各信息采集点采集人员根据追溯产品的生产环节做好纸质档案记录，尤其是在投入品的种类及使用信息、生产工艺中的产品收购、储藏、加工条件等记录。

② 要求各采集点的原始档案记录要及时、真实、完整、规范，记录后认真核查，确认无误后由信息记录员录入质量安全追溯系统。

③ 加工环节要做到动态汇总整理，做好入库、出库及加工的详细记录，并及时汇总上传。

④ 所有纸质原始记录在种植阶段或加工阶段结束后，由信息采集员进行整理，统一上交，归档保管。

⑤ 原始记录应及时归档，装订成册，每册有目录，查找方便；原始档案有固定场所保存，要有防止档案损坏、遗失的措施。

（2）电子信息储存工作要求　各采集点的追溯信息应在每次录入完毕后进行备份。电子记录备份到计算机的非系统盘和可移动存储盘上。生产周期内，要保证定期将采集数据备份 1 次。农业生产经营主体信息中心要保证有新数据上传时的备份，并交由专人保管，做好记录。用于储存电子信息的计算机和可移动硬盘应专用、不可他用，做好电子病毒防护工作并定期进行杀毒管理。可移动硬盘存储设备应归档保管由专人负责，防止损坏。计算机追溯信息保存期限不得少于产品保质期满后 6 个月；没有明确保质期的，保存期限不得少于 2 年。

二、信息传输

【标准原文】

8.2　信息传输

上一环节操作结束时，应及时通过网络、纸质记录等形式传递给下一环节，企业、组织或机构汇总诸环节信息后传输到追溯系统。

【内容解读】

农产品追溯环节主要分为种植环节和加工环节，有种植单元、选择良种、整地、施肥、田间用药、田间作业、收获等具体内容。建立畅通的通信网络，确保各信息采集点信息传递渠道畅通。各个环节操作时，应及时进行各个环节的相关信息的采集，并做好相关纸质记录和电子记录。各个环节的信息记录应编写唯一性环节信息代码，以便传递给下一环节。

【实际操作】

信息传输包括承接、传递、编辑和上报。加工企业与农业生产经营主体实行一对一单线承传关系。将采集的信息数据以代码形式传递给下一环节，应准确无误，每个传递环节之间应进行核实。信息采集后要在第一时间通过网络或者可移动设备等将数据信息及时上报到信息中心。信息中心对上报的各个环节信息进行核实并编辑汇总，无误后将信息录入到质量安全追溯系统。

信息传输关系示意图见图 2-17。

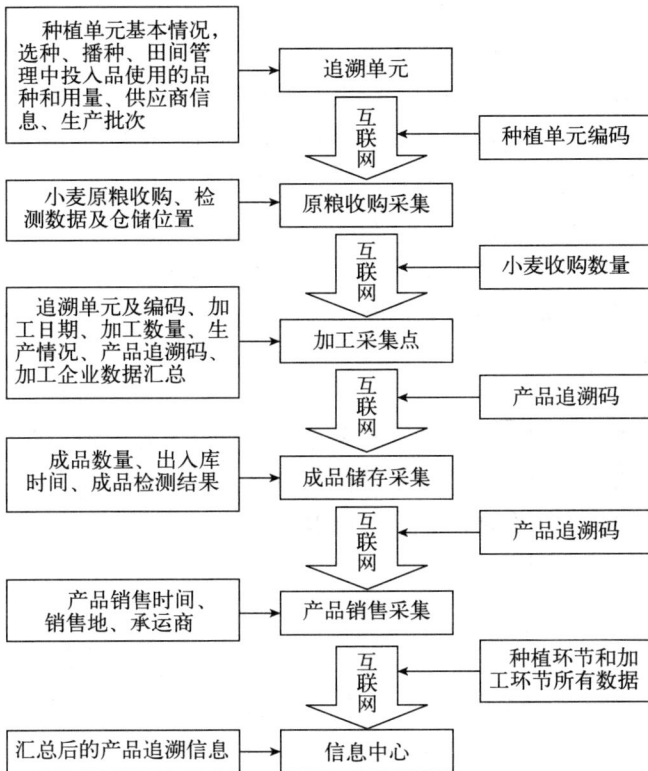

图 2-17 信息传输关系示意图

三、信息查询

【标准原文】

8.3 信息查询

经相关法律法规规定，应向社会公开的质量安全信息均可查询。内容应包括生产者、产品、产地、加工企业、批次、质量检验结果、产品标准等。

【内容解读】

生产经营主体采集的信息应覆盖小麦种植、小麦粉或面条加工等全过程，满足追溯精度和深度的要求。使消费者能够查询到追溯产品的质量安全信息，其查询内容应突出个性化（查询信息应能图文并茂）。查询内容至少包括小麦种植者、产品、产地、批次、产品标准等具体内容。

【实际操作】

具备信息化的生产经营主体应定制信息查询系统和产品追溯流程，确定每个环节信息采集内容和格式要求，汇总各信息采集点上报的数据，形成完整追溯链，并通过网络向数据中心上传数据。调试标签打印机、喷码机等专用设备，规范采集点编号，建立操作人员权限，形成符合生产经营主体实际的追溯系统，实现上市农产品可查询、可监管。不具备信息化的生产经营主体应确保能通过纸质记录查询相关信息。

产品追溯标签是消费者查询的主要方式，生产经营主体应将追溯标签使用粘贴的方式或其他合理方式置于产品最明显的位置，方便消费者在购买时进行查询使用。

消费者通过查询农产品质量安全追溯码应可以查询到小麦种植者、产品、产地、加工企业、批次、质量检验结果、产品标准等主要信息。生产经营主体应做到生产有记录、流向可追踪、信息可查询、质量可追溯、责任可界定。信息查询图见图 2-18。

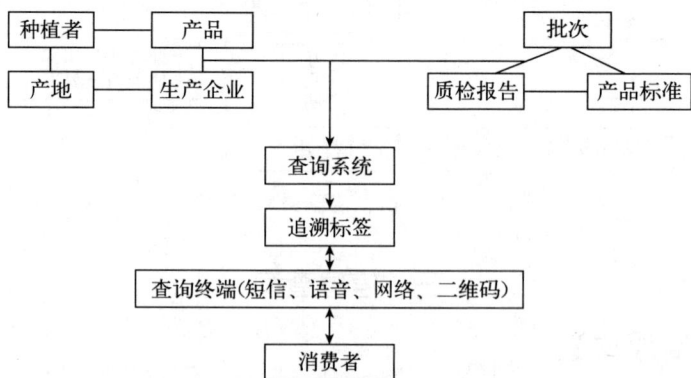

图 2-18　信息查询图

第八节 追溯标识

【标准原文】

9 追溯标识

追溯标识按 NY/T 1761 的规定执行。

【内容解读】

NY/T 1761 的规定内容如下：

① 可追溯农产品应有追溯标识，内容应包括追溯码、信息查询方式、追溯标志。

② 追溯标识载体根据包装特点采用不干胶纸制标签、锁扣标签、捆扎带标签、喷印等形式，标签位置显见，固着牢靠，标签规格大小由农业生产经营主体自行决定。

【实际操作】

1. 追溯标识的设计及内容

追溯标识要求图案美观，文字简练、清晰，内容全面、准确。追溯标识包括以下 4 个方面的内容：

（1）追溯标志 图形已作规定，大小可依追溯标签大小而变。

（2）说明文字 表明农产品质量安全追溯等内容。

（3）信息查询渠道 语音渠道、短信渠道、条形码渠道、二维码渠道等。

（4）追溯码 由条形码和代码两部分组成。追溯标识见图 2-19。

目前，二维码广泛用于各种商标和商品识别中，主要有 QR 码、Maxi 码、PDF417 码、Aztec 码等。农产品质量安全追溯标识中现使用 QR 码。QR 码具有超高可靠性、防伪性和可表示多种文字图像信息等特点，在我国被广泛应用。

2. 追溯标签的粘贴及形式

追溯标签的粘贴要求如下：

① 粘贴位置应美观、整齐、统一，位于直面消费者包装的显著位置。

② 粘贴牢固，难以脱落、磨损。依据产品及其包装材质，农业生产经营主体自主决定用不干胶纸制标签、锁扣标签、捆扎带标签、喷印等形式。采用喷码打印或激光打码时，应图案清晰、位置合理，且产品包装应

农产品质量安全追溯标识图

追溯信息
查询方式

电话：××××××
短信：××××××
网址：××××××

查询方式

农产品质量安全追溯

农产品质量安全追溯二维码

农产品质量安全追溯条形码

××××××××××××××

图 2 - 19 追溯标识

体现查询方式。

③ 标签使用的规格大小由农业生产经营主体自行决定，其应与追溯产品包装规格匹配，大小适合自身产品即可。

3. 追溯标识载体的使用

① 追溯标识载体出入库时，要认真清点，做到数量、规格准确无误。

② 追溯标识载体仅使用于追溯产品，其他产品严禁使用。追溯产品使用追溯标识载体时，必须按照要求在指定位置粘贴追溯标签或者喷制产品追溯码。

第九节 体系运行自查

【标准原文】

10 体系运行自查

按 NY/T 1761 的规定执行。

【内容解读】

根据 NY/T 1761 的规定，农业生产经营主体应建立追溯体系的自查制度，定期对农产品质量追溯体系的实施计划及运行情况进行自查。检查结果应形成记录，必要时提出追溯体系的改进意见。

1. 概述

自查制度是为检查农业生产经营主体各项农产品质量安全追溯活动是

否符合体系要求,验证其所建立的农产品质量安全追溯体系运行的适宜性、有效性,评价是否达到农产品质量安全追溯体系建设预期目标而进行的、有计划的、独立的检查活动。通过自查,能发现问题、分析原因、采取措施解决问题,以实现农产品质量安全追溯体系的持续改进。

2. 目的

① 确定受审核部门的农产品质量安全追溯体系建设符合规定要求。

② 确定所实施的农产品质量安全追溯体系有效性满足规定目标。

③ 通过自查了解农业生产经营主体农产品质量安全追溯体系的活动情况与结果。

3. 依据

农产品质量安全追溯体系文件对体系的建立、实施提供具体运作的指导,是自查依据的主要准则。

4. 原则

对农产品质量安全追溯体系的实施计划及运行情况自查,应遵从实事求是、客观公正、科学严谨的原则。

(1)客观性 客观证据应是事实描述,并可验证,不含有任何个人的推理或猜想。事实描述包括被询问的负有责任的人员的表述、相关的文件和记录等存在的客观事实。

对收集到的客观证据进行评价,并最终形成文件。文件内容包括自查报告、巡检员检查表、不符合项报告表、首末次会议签到等。通过文件形式以确保自查的客观性。

(2)系统性 自查分为材料审查和现场查看2种形式。

材料审查重点是检查农产品质量安全追溯体系文件的符合性、适宜性、可操作性。根据自查小组成员的分工,对照农产品质量安全追溯体系运行自查情况表中所规定的各项检查内容逐项进行,同时做好存在问题的记录。

现场查看重点是检查农产品质量安全追溯体系文件执行过程的符合性、达标性、有效性、执行效率。例如,察看农产品质量安全追溯产品生产的各个环节、质量安全控制点和相关原始记录情况;察看硬件网络和质量安全追溯设备配置建设情况、系统运行应用情况;检查系统管理员及信息采集员的操作应用情况、信息采集情况以及软件操作熟练程度;从农产品质量安全追溯系统中随机抽取若干个批次的追溯码进行可追溯性验证,查询各环节信息的采集和记录情况,将纸质档案与系统内信息进行对照检查,检查是否符合要求。

符合性是指农产品质量安全追溯活动及有关结果是否符合体系文件

要求。

有效性是指农产品质量安全追溯体系文件是否被有效实施。

达标性是指农产品质量安全追溯体系文件实施的结果是否达到预期的目标。

5. 人员配置及职责

根据农产品质量安全追溯体系自查工作需要，自查小组成员一般由农业生产经营主体中生产技术部、品质管理部、企业管理部、信息技术部等人员组成。根据自查小组成员自身专业特长和工作特点赋予其不同的职责。在农业生产经营主体规模较大、部门设置比较完善的情况下，可以由以下部门人员组成自查小组；在农业生产经营主体规模较小、部门设置不全的情况下，可以一人兼顾多人的工作职责组成自查小组。

（1）生产技术部人员　主要由从事农业生产、在某一特定的区域对某种产品的生产、加工、储运等方面具有一定知识的生产技术人员组成。主要承担农产品质量安全追溯体系的生产档案建立、信息采集点设置等方面的工作。

（2）品质管理部人员　主要由了解农产品质量安全标准、从事农产品检测等方面的人员组成。主要承担农产品质量安全追溯产品质量监控、产品检测等方面的工作。

（3）企业管理部人员　主要由从事项目管理、了解农产品质量安全追溯体系建设基本要求和工作特点的人员组成。主要承担农产品质量安全追溯体系的制度建立、规划制订、人员培训等方面的工作。

（4）信息技术部人员　主要由了解农产品质量安全追溯体系构成及应用、能够熟练处理追溯系统软件和硬件问题的人员组成。主要承担农产品质量安全追溯体系应用等方面的工作。

6. 频次

（1）常规自查　按年度计划进行。由于农产品生产的特殊性，应每一生产周期至少自查一次。

（2）增加自查　当出现下列情况时，农业生产经营主体应增加自查频次：

① 出现质量安全事故或客户对某一环节连续投诉。

② 内部监督连续发现质量安全问题。

③ 农业生产经营主体组织结构、人员、技术、设施发生较大变化。

【实际操作】

农产品质量安全追溯体系内部自查审核一般分为 5 个阶段：自查的策

划与准备、自查的实施、编写自查报告、跟踪审核验证、自查总结。农产品质量安全追溯体系自查流程图见图 2-20。

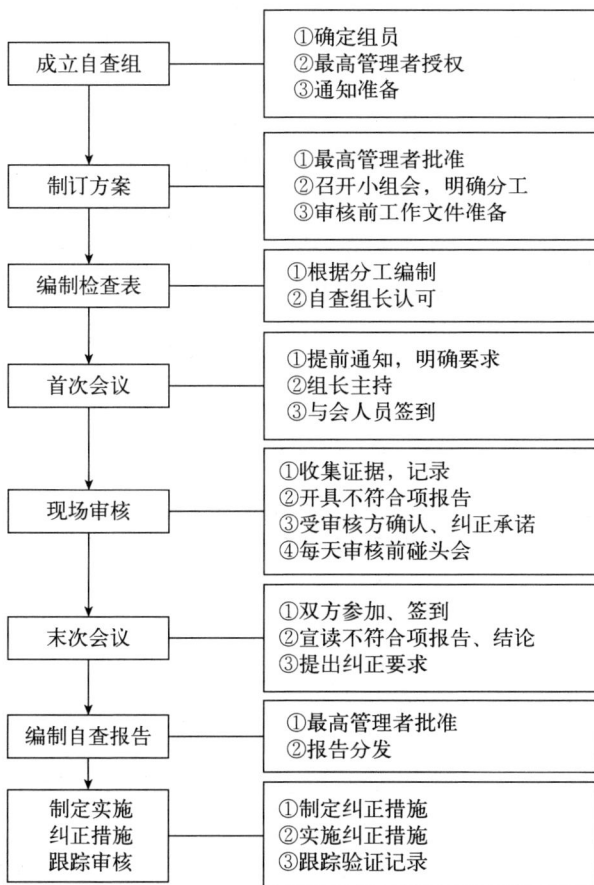

```
┌──────────┐    ┌──────────────────────────┐
│ 成立自查组 ├────┤ ①确定组员                  │
└────┬─────┘    │ ②最高管理者授权             │
     │          │ ③通知准备                  │
     │          └──────────────────────────┘
┌────┴─────┐    ┌──────────────────────────┐
│ 制订方案  ├────┤ ①最高管理者批准             │
└────┬─────┘    │ ②召开小组会，明确分工        │
     │          │ ③审核前工作文件准备          │
     │          └──────────────────────────┘
┌────┴─────┐    ┌──────────────────────────┐
│ 编制检查表 ├────┤ ①根据分工编制               │
└────┬─────┘    │ ②自查组长认可               │
     │          └──────────────────────────┘
┌────┴─────┐    ┌──────────────────────────┐
│ 首次会议  ├────┤ ①提前通知，明确要求          │
└────┬─────┘    │ ②组长主持                  │
     │          │ ③与会人员签到               │
     │          └──────────────────────────┘
┌────┴─────┐    ┌──────────────────────────┐
│ 现场审核  ├────┤ ①收集证据，记录             │
└────┬─────┘    │ ②开具不符合项报告            │
     │          │ ③受审核方确认、纠正承诺       │
     │          │ ④每天审核前碰头会            │
     │          └──────────────────────────┘
┌────┴─────┐    ┌──────────────────────────┐
│ 末次会议  ├────┤ ①双方参加、签到             │
└────┬─────┘    │ ②宣读不符合项报告、结论       │
     │          │ ③提出纠正要求               │
     │          └──────────────────────────┘
┌────┴─────┐    ┌──────────────────────────┐
│ 编制自查报告├───┤ ①最高管理者批准             │
└────┬─────┘    │ ②报告分发                  │
     │          └──────────────────────────┘
┌────┴─────┐    ┌──────────────────────────┐
│ 制定实施  │    │ ①制定纠正措施               │
│ 纠正措施  ├────┤ ②实施纠正措施               │
│ 跟踪审核  │    │ ③跟踪验证记录               │
└──────────┘    └──────────────────────────┘
```

图 2-20 自查流程图

1. 自查的策划与准备

生产经营主体组织有关人员策划并编制年度自查计划。年度自查计划可以按受审核部门进行开展。自查计划见表 2-75。

表 2-75 年度农产品质量安全追溯体系自查计划

审核月份 条款/受审核部门	一月	二月	三月	四月	五月	六月	七月	八月	九月	十月	十一月	十二月
1	种植基地												
2	加工车间												

(续)

审核月份 条款/受审核部门	一月	二月	三月	四月	五月	六月	七月	八月	九月	十月	十一月	十二月
3 品质管理部												
4 销售部												
5 信息部												
6 企业管理部												
7 生产技术部												

由生产经营主体最高管理人授权成立自查小组，由自查组长编写自查实施计划。自查实施计划见表 2-76。内容包括自查的目的、性质、依据、范围、审核组人员、日程安排，准备自查工作文件。工作文件主要是自查不符合项报告表见表 2-77、自查报告见表 2-78。农产品质量安全追溯体系运行自查情况表见表 2-79。

表 2-76 年度农产品质量安全追溯体系自查实施计划

自查日期：
自查目的：
自查性质：
自查依据：
自查范围：
自查组组长： 副组长： 组员：

日程安排				
日期	时间	受审核部门	条款/内容	自查员

表 2-77 年度农产品质量安全追溯体系自查不符合报告表

受审核部门		部门负责人	
自查员		审核日期	

不符合事实描述:
不符合:工作规范□ 应急预案□ 质量控制□ 信息运行□ 其他文件□
不符合文件名称（编号）及条款:
不符合类型: 体系性□ 实施性□ 效果性□
要求纠正时限:一周 □ 二周 □ 三周 □ 约定时间 □
自查员: 部门负责人:
日期: 年 月 日 日期: 年 月 日

不符合原因分析及拟定纠正措施:
当 事 人: 日期: 年 月 日
自 查 员: 日期: 年 月 日
部门负责人: 日期: 年 月 日

纠正措施完成情况:
部门负责人: 年 月 日

纠正措施的验证:
自 查 员: 年 月 日
部门负责人: 年 月 日

自查组长: 年 月 日

表 2-78 年度农产品质量安全追溯体系自查报告

自查性质		自查日期	
自查组员:			
自查目的:			
自查范围:			
自查依据:			
自查过程综述:			
自查组长: 批准:			
日期: 日期:			

表2-79 农产品质量安全追溯体系运行自查情况表

条款	检查内容	检查要点	不符合事实描述	整改落实情况
1	建立工作机构，相关工作人员职责明确	见机构和人员部分要求		
2	制订完善、可操作的追溯工作实施方案，并按照实施方案开展工作	见机构和人员部分要求		
3	制定完善的产品质量安全追溯工作制度和追溯信息系统运行制度	见管理制度部分要求		
4	产品质量安全事件应急预案等相关制度按要求修改完善并落实到位	见管理制度部分要求		
5	各信息采集点信息采集设备配置合理	见实施要求部分要求		
6	配置适合生产实际的标签打印、条码识别等专用设备	见实施要求部分要求		
7	追溯精度与追溯深度设置是否符合生产实际	见实施要求部分要求 见术语和定义部分要求		
8	采集的信息覆盖生产、加工等全过程的关键环节，满足追溯精度和深度的要求；具有保障电子信息安全的软硬件措施；系统运行正常，具备全程可追溯性	见实施原则部分要求 见信息采集部分要求		
9	规范使用和管理追溯标签、标识；信息采集点设置合理，生产档案记录表格设计合理；生产档案记录真实、全面、规范，记录信息可追溯；具有相应的条件保障企业内部生产档案安全	见信息采集部分要求 见追溯标识部分要求		
10	具有质量控制方案，并得以实施	见管理制度部分要求		

（续）

条款	检查内容	检查要点	不符合事实描述	整改落实情况
11	具有必要的产品检验设备，计量器具检定有效，产品有出厂检验和型式检验报告	见产品检验部分要求		

2. 自查的实施

自查的实施按照首次会议、现场审核、碰头会、开具不符合项报告及召开末次会议的程序依次进行。自查首末次会议签到表见表 2－80。

表 2－80　自查首末次会议签到表

会议名称	首次会议□	末次会议□	
会议日期		会议地点	
参加会议人员名单			
签名		职务	

　　自查实施以首次会议开始，根据农产品质量安全追溯体系文件、自查表和计划的安排，自查员进入现场检查、核实。在现场审核时，自查员通过与受审核部门负责人及有关人员交谈、查阅文件和记录、现场检查与核对、调查验证、数据的汇总分析等方法，详细记录并填写农产品质量安全追溯体系运行自查情况表，经过整理分析和判断等综合分析并经受审核方确认后开具不合格项报告，得出审核结论，并以末次会议结束现场审核。末次会上，由自查小组组长宣读自查不符合项报告，做出审核评价和结论，提出建议的纠正措施要求。

　　（1）首次会议　首次会议需要自查小组全体成员和受审核部门主要领导共同参加的会议。会议应向受审核部门明确自查的目的意义、作用、方法、内容、原则和注意事项。自查日程时间表、自查小组成员的分工、自查过程、内容和现场察看地点等。

　　（2）现场审核　现场审核在整个自查过程中占据着重要的地位。自查工作的大部分时间是用于现场审核，最后的自查报告也是依据现场审核的结果形成的。

　　现场审核记录的要求：

① 应清楚、全面、易懂；

② 应准确、具体，如文件名称、记录编号等。

（3）不符合项报告　不符合项报告中的不符合项可能是文件的不符合项、人员的不符合项、环境的不符合项、设备的不符合项、溯源的不符合项等。主要可以分为3类：

① 体系性不符合，即农产品质量安全追溯体系文件的制定与要求不符或体系文件的缺失。例如，未制订产品质量控制方案。

② 实施性不符合，即制定的农产品质量安全追溯体系文件符合要求且符合生产实际，但员工未按体系文件的要求执行。例如，规定原始记录应在工作中予以记录，但实际上都是进行补记或追记。

③ 效果性不符合，即制定的农产品质量安全追溯体系文件符合要求且符合生产实际，员工也按体系文件的要求执行，但实施不够认真。例如，原始记录出现漏记、错记等。

不符合项报告的注意事项：不符合事实陈述应力求具体；所有不符合项均应得到受审核部门的确认；开具不符合项报告时，应考虑其应采取的纠正措施以及如何跟踪验证，是否找到出现不符合的根本原因。

（4）末次会议　末次会议需要自查小组全体成员和受审核部门主要领导共同参加的会议。会议宣读不符合项报告，并提交书面不符合项报告；提出后续工作要求（制定纠正措施、跟踪审核等）。

3. 编写自查报告

自查报告是自查小组结束现场审核后必须编制的一份文件。自查小组组长召集小组全体成员交流自查情况，并汇总意见，讨论自查过程中发现的问题，对农业生产经营主体的农产品质量安全追溯体系建设工作进行综合评价，研究确定自查结论，对存在的问题提出改进或整改要求。自查小组需要交流汇总的主要内容包括自查主要内容、自查基本过程、可追溯性验证情况、自查的结论、对存在问题的限期改进或整改意见等。自查报告通常包括以下内容：审核性质、审核日期、自查组成员、自查目的、审核范围、审核依据、审核过程概述。

4. 跟踪审核验证

跟踪审核验证是自查工作的延伸，同时也是对受审核部门采取的纠正措施进行审核验证，对纠正结果进行判断和记录的一系列活动的总称。跟踪审核的目的：

① 促使受审部门实施有效的纠正/预防措施，防止不符合项的再次发生；

② 验证纠正/预防措施的有效性；

③ 确保消除审核中发现的不符合项。

自查组长应指定一名或几名自查员对不符合项的纠正，以及对纠正措施有效性进行跟踪验证并确认完成及合格后，做好跟踪验证记录，将验证记录等材料整理归档（纠正措施完成情况及纠正措施的验证情况可在不符合项报告表中一并体现）。

5. 自查的总结

年度自查全部完成后，应对本年度的自查工作进行全面的评价，包括年计划是否合适、组织是否合理、自查人员是否适应自查工作等内容。

第十节 质量安全问题处置

【标准原文】

11 质量安全问题处置

按 NY/T 1761 的规定执行。

【内容解读】

NY/T 1761 规定，可追溯农产品出现质量安全问题时，农业生产经营主体应依据追溯系统界定产品涉及范围，查验相关记录，确定农产品质量问题发生的地点、时间、追溯单元和责任主体，并按相关规定采取相应措施。

1. 可追溯农产品

可追溯性即从供应链的终端（产品使用者）到源头（产品生产者或原料供应商）识别产品或产品成分来源的能力，即通过记录或标识追溯农产品的历史、位置等的能力。具有可追溯性的农产品即为可追溯农产品。

2. 质量安全问题

《中华人民共和国农产品质量安全法》规定，农产品质量安全指农产品质量符合保障人的健康、安全的要求。农产品质量安全问题包括以下几方面：

① 含有国家禁止使用的农药、兽药或者其他化学物质的；

② 农药、兽药等化学物质残留或者含有的重金属等有毒有害物质不符合农产品质量安全标准的；

③ 含有的致病性寄生虫、微生物或者生物毒素不符合农产品质量安全标准的；

④ 使用的保鲜剂、防腐剂、添加剂等材料不符合国家有关强制性的

技术规范的；

⑤ 其他不符合农产品质量安全标准的。

3. 农产品质量安全问题来源分析

建立了追溯系统的农业生产经营主体，在农产品发生质量安全问题时，可以根据农产品具有的追溯码，查询到该问题产品的生产全过程的信息记录，从而确定问题产品涉及范围，判断质量安全问题可能发生的环节，确定农产品质量安全问题发生的地点、时间、追溯单元和责任主体。

农产品出现质量安全问题，主要发生在以下 4 个环节：

① 含有国家禁止使用的农药或者其他化学物质，主要发生在种植环节，生产者违规使用了国家禁止使用的农药或其他化学物质。

② 农药等化学物质残留或者含有的重金属等有毒有害物质不符合农产品质量安全标准，主要发生在种植环节。一方面，生产者使用的农药没有达到药物安全间隔期即采收，导致药物残留不符合标准要求；另一方面，生产者没有按照国家标准规定（如农药的剂型、稀释倍数、使用量、使用方式等）正确使用药物，导致药物残留不符合标准要求。种植业重金属含量超标主要是由于产地环境不符合标准要求，如土壤或灌溉水中重金属含量超标，导致小麦在生长过程中吸收富集重金属，最终导致小麦中重金属含量不符合标准要求。

③ 含有的微生物或者生物毒素不符合农产品质量安全标准，主要发生在小麦粉或面条加工、仓储、运输环节，由于环境、卫生条件不符合要求，导致小麦粉或面条发生污染，从而产生微生物或者生物毒素等有害物质，导致小麦粉或面条质量不符合标准要求。

④ 使用的食品添加剂等材料不符合国家有关强制性的技术规范，主要发生在小麦粉或面条加工、储运环节，由于违规使用国家禁止使用的添加剂或超量使用等原因，造成小麦粉或面条质量不符合国家标准要求。

【实际操作】

农业生产经营主体应确保具有质量安全问题的小麦粉或面条产品得到识别和处置，以防止其非预期的使用或消费。应编制相关文件控制程序，以规定质量安全问题产品识别和处置的有关责任、权限和方法，并保持所有程序的实施记录。

1. 可追溯小麦粉或面条出现质量安全问题时的应对计划

当具有质量安全问题的小麦粉或面条进入流通市场后，农业生产经营主体应实施预警反应计划和产品召回计划。当发生食品安全事故或紧急情况时，应启动应急预案。

（1）预警反应计划 农业生产经营主体应采用适宜的方法和频次监视已上市小麦粉或面条的使用安全状况，包括消费者抱怨、投诉等反馈信息。根据监视的结果评价已上市小麦粉或面条中安全危害的状况，并针对危害评价结果确定已上市小麦粉或面条在一定范围内存在安全危害的情况，农业生产经营主体应按以下要求制订并实施相应的预警反应计划，以防止安全危害的发生：

① 识别确定安全危害存在的严重程度和影响范围；

② 评价防止危害发生的防范措施的需求（包括及时通报所有受影响的相关方的途径和方式，以及受影响产品的临时处置方法）；

③ 确定和实施防范措施；

④ 启动和实施产品召回计划；

⑤ 根据产品和危害的可追溯性信息实施纠正措施。

（2）产品召回计划 农业生产经营主体应制订产品召回计划，确保受安全危害影响的上市小麦粉或面条得以全部召回。该计划应至少包括以下5个方面的要求：

① 确定启动和实施产品召回计划人员的职责和权限；

② 确定产品召回行动需符合的相关法律、法规和其他相关要求；

③ 制定并实施受安全危害影响的产品的召回措施；

④ 制定对召回产品进行分析和处置的措施；

⑤ 定期演练并验证其有效性。

（3）应急预案 农业生产经营主体应识别、确定潜在的小麦粉或面条质量安全事故或紧急情况，预先制订应对的方案和措施，必要时做出响应，以减少小麦粉或面条可能发生安全危害的影响。应急预案的编制应包括以下主要内容：

① 概述。简要说明应急预案主要内容包括哪些部分。

② 总则。

（a）适用范围。说明应急预案适用的产品类别和事件类型、级别。

（b）编制依据。简述编制所依据的法律法规、部门规章，以及有关行业管理规定、技术规范和标准。

（c）工作原则。说明生产经营主体应急工作的原则，内容简明扼要、明确具体。

③ 事件分级。根据可能导致的产品质量安全事件的性质、伤害的严重程度、伤害发生的可能性和涉及范围等因素对产品质量安全事件进行分级。

④ 风险描述。简述生产经营主体的产品因质量问题可能导致人员物理、化学或生物危害的严重程度和可能性，以及主要危害类型、可能发生

的环节、可能影响的人群范围、可能产生的社会影响等。

⑤ 组织机构及职责。成立以生产经营主体负责人为组长、相关分管负责人为副组长、相关部门负责人为成员的产品质量安全事件应急领导小组，并明确各组织机构及人员的应急职责和工作任务。

⑥ 监测与预警。

（a）信息监测。确定生产经营主体产品质量安全事件信息监测方法与程序，建立消费者投诉、政府监管部门、新闻媒体等渠道信息来源与分析等制度，以及信息收集、筛查、研判、预警机制，及时消除产品质量安全隐患。

（b）信息研判。根据获取的产品质量安全事件信息，开展事件信息核实，并对已核实确认的事件信息进行综合研判，确定事件的影响范围及严重程度，事件发展蔓延趋势等。

（c）信息预警。生产经营主体建立健全产品质量安全事件信息预警通报系统，建立产品质量安全事件报告制度，明确责任报告单位和人员、报告程序及要求。

⑦ 应急响应。

（a）响应分级。针对产品质量安全事件导致的危害程度、影响范围和生产经营主体控制事态的能力，对产品质量安全事件应急响应进行分级，明确分级响应的基本原则。

（b）先期处理。生产经营主体先期派出人员到达事发地后，按照分工立即开展工作，随时报告事件处理情况，并根据需要开展抽样送检等相关工作。

（c）事件调查。

——生产经营主体组织开展事件调查，尽快查明事件原因；

——做好调查、取证工作，评估事态的严重程度及危害性；

——生产经营主体品管部门会同有关部门对事故的性质、类型进行技术鉴定，作出结论。

（d）告知及公告。需要进行忠告性通知时，生产经营主体可选择适宜的方式发布，如电话、传真、媒体等。

（e）产品召回。实施产品召回，依据产品销售台账，及时对已召回或未销售流通的问题产品实施封存、限制销售等措施。

（f）赔偿。主动向因生产经营主体产品质量问题导致的受伤害人员进行赔偿，避免事件影响扩大。

（g）后期处理。产品质量安全事件应急处置结束后，生产经营主体应对质量安全事件的处理情况进行总结，分析原因，提出预防措施，提请有关部门追究有关人员责任。

⑧ 保障措施。通信与信息保障、队伍保障、经费保障、物资装备保障、其他保障。

⑨ 应急预案附件。可以包括术语解释、人员联系方式、规范文本、有关协议或备忘录等。

各农业生产经营主体应根据生产经营主体的具体情况，按照应急预案的基本编制原则，编制切实可行的应急预案。产品预警反应计划包含在应急预案中的，可以不必单独列出。

2. 质量安全问题产品处置

农业生产经营主体应通过以下一种或几种途径处置质量安全问题产品：

（1）返工 通过调整生产加工设备的工艺参数或条件进行处理可达到标准要求的产品，可以通过返工得到安全产品。在质量安全问题产品返工得到纠正后，应对其再次进行验证，以证实其符合质量安全要求。

（2）转作其他安全用途 通过降级或降等的方式，部分产品可以转作饲料或其他工业原料等。

（3）销毁 含有的质量安全问题不可消除、且无法转作其他安全用途的产品，必须销毁，不可作为追溯产品销售。

3. 应急预案演练示例

××× 乌冬面质量安全追溯应急预案演练（示例）

一、演练目的

通过本次乌冬面质量安全事件应急演练，检验各部门在乌冬面质量安全出现异常情况下应急处置工作的实际反应能力和运作效果，从而进一步完善产品质量安全应急体系，提高各小组成员处理突发事件的能力。

二、演练依据

《×××面条质量安全事件应急预案》及国家的相关法律、法规。

三、职责

应急小组全面负责、各部门协助。

四、演练事件设置

2020 年 8 月 1 日 8 时，某超市经销商反馈，消费者购买的我公司生产的×××牌乌冬面，包装规格为 200 g/袋，发现霉变现象，现已有 1 人来超市进行退货。

五、演练流程

（一）启动应急预案

1. 应急小组

8 时 10 分，质量安全事件应急小组成员张××接到通知后，立即向应急小组组长刘××报告此事件。8时15分，应急小组组长刘××得知产品问题后，迅速召开会议进行指挥、部署，启动应急预案，追溯事件原因，并进行妥善处理。

2. 现场处置组

组织小组成员对问题批次产品展开调查。8点30分，小组成员李××及时与消费者取得联系，并对消费者进行思想安抚工作，稳定消费者情绪，耐心解答消费者提出的问题，防止过激行为发生。8点50分，小组成员乔××到达超市现场，询问消费者有没有食用发霉的乌冬面等相关情况，并对消费者进行退货的乌冬面进行封样留存。经查，消费者尚未进行食用，未对其身体造成危害。

3. 事故调查组

9时20分，小组成员王××、刘××、张××组成调查组，开始调查此次事件原因。由刘××利用问题产品的追溯码进行网络查询。

4. 后勤服务保障工作组

9时40分，后勤服务保障工作组开始及时对应急赔偿资金、应急车辆等进行调配，保证事件处理所需。9时50分，准备就绪。

各工作组在展开各项工作的同时，及时向指挥部通报情况，为组长的决策和下达指挥命令提供依据。

（二）网络追溯

9时40分，应急小组成员刘××通过产品追溯码查询得知，问题乌冬面产品为2020年7月16日生产，包装规格为200 g/袋，包装方式为塑封包装；加工班组为×××加工班组；出厂销售日期为2020年7月21日，承运人赵××，运输方式为汽运，运输车辆车牌号×××××；销售去向为××市某超市。

随后，将该结果传送一份至调查组。调查组根据追溯结果紧急分析产品的加工、储存过程、时间、地点、相关人员以及采集的数据。

调查组调查了加工、储运等环节的电子和原始纸质记录，并进行比对，未发现数据错误、不一致、产品检测数据不合格等问题。

（三）实地调查

调查小组现场调查证实，消费者购买的×××牌乌冬面，确系本公司加工生产，追溯码为×××××××××，该批次产品销售于×××超市。超市购入 200 袋，包装规格为 200 g/袋，合计 40 kg，目前已销售 42 袋。通过进一步查看超市存储环境及未售库存乌冬面质量情况，发现仓库湿度较大；同时，测量仓库温度为 30 ℃，超过了乌冬面（20±2）℃的储存要求；库存的部分乌冬面也已出现不同程度的霉变情况。综合分析，证实事件发生的原因系超市仓储设备调温系统老化，导致储存温度超过乌冬面储存温度标准，使乌冬面霉变。

（四）问题处理

10 点 20 分，调查组将调查结果报告应急领导小组。听取汇报后，应急领导小组作出如下决定：委派质量安全事件应急领导小组成员赵××与超市进行对接，对剩余的 158 袋产品进行下架并停止销售，对问题产品作出销毁处理。

产品召回：通过电视台发布紧急通告、超市现场挂条幅和超市滚动广播等方式，召回已销售的同追溯码疑似问题产品。

（五）信息发布

向出现问题的××超市通告事故原因，并要求超市加强存储环境管理，定期对仓库调温系统进行检修，并加装温度异常报警系统，避免类似事件发生。同时，配合监管部门，通过媒体发布整个事件的调查结果，避免引起恐慌。

（六）应急处置总结报告

该事件是由于经销商仓库调温系统老化故障，致使储存温度没有达到要求，加之存储环境湿度较大致使乌冬面发生霉变。在这起事件中暴露了产品销售过程监管不到位、责任意识不强等问题，使产品品牌、企业形象受到影响；质量安全体系不够健全，监督措施落实不到位。

六、经验总结

（一）应急演练过程中存在的问题

个别部门工作效率低、部门协调性差、程序混乱等问题。

（二）建议

进一步加强领导，切实提高对应急反应工作的认识。进一步加强培训，全面提高应急反应工作水平及能力。

11 时 10 分，应急领导小组组长刘××对应急预案演练进行了点评。

11 时 15 分，整个演习结束。

ICS 65.020
B 04

附 录

NY

中华人民共和国农业行业标准

NY/T 1994—2011

农产品质量安全追溯操作规程
小麦粉及面条

Operating rules for quality and safety traceability of agricultural
products–Wheat flour and noodle

2011-09-01 发布   2011-12-01 实施

中华人民共和国农业部 发布

前　言

本标准按照 GB/T 1.1—2009 给出的规则起草。

本标准由中华人民共和国农业部农垦局提出并归口。

本标准起草单位：中国农垦经济发展中心。

本标准主要起草人：吴金玉、张宗城、王生、袁园、王海川、葛慧东。

农产品质量安全追溯操作规程 小麦粉及面条

1 范围

本标准规定了小麦粉及面条质量安全追溯的术语和定义、要求、编码、关键控制点、信息采集、信息管理、追溯标识、体系运行自查和质量安全问题处置。

本标准适用于小麦粉及面条质量安全追溯体系的实施。

2 规范性引用文件

下列文件对于本文件的应用是必不可少的。凡是注日期的引用文件，仅注日期的版本适用于本文件。凡是不注日期的引用文件，其最新版本（包括所有的修改单）适用于本文件。

NY/T 1761 农产品质量安全追溯操作规程 通则

3 术语和定义

NY/T 1761 确立的术语和定义适用于本文件。

4 要求

4.1 追溯目标

追溯的小麦粉或面条可根据追溯码追溯到各个种植、加工、流通环节的产品、投入品信息及相关责任主体。

4.2 机构和人员

追溯的小麦粉或面条生产企业（组织或机构）应指定机构或人员负责追溯的组织、实施、监控、信息的采集、上报、核实和发布等工作。

4.3 设备和软件

追溯的小麦粉或面条生产企业（组织或机构）应配备必要的计算机、网络设备、标签打印机、条码读写设备等，相关软件应满足追溯要求。

4.4 管理制度

追溯的小麦粉或面条生产企业（组织或机构）应制定产品质量追溯工

作规范、质量追溯信息系统运行及设备使用维护制度、质量安全应急预案、产品质量控制方案等相关制度，并组织实施。

5　编码

按 NY/T 1761 的规定执行。销售编码可用以下方式：
——企业编码的预留代码位加入销售代码，成为追溯码；
——在企业编码外标出销售代码。

6　关键控制点

6.1　设置原则

6.1.1　在生产、加工、销售环节中与产品质量安全有关的单元设置关键控制点。

6.1.2　关键控制点应有具体的临界值，并可定量检验和判定。

6.2　设置单元

小麦粉生产应在小麦种植、小麦收购检验、小麦原料库存、加工生产中的清理、制粉和配粉、产品检验、包装和储运单元设置。面条生产应增加面条专用粉检验、面条制作和面条检验储存单。

7　信息采集

7.1　种植信息

7.1.1　产地信息

产地代码、种植者档案和产地环境监测等。

7.1.2　种植信息

生产、管理相对统一的种植户或种植组统称为种植者。种植信息应包括种植者姓名（户名或组名）；种植区域、地点；种植品种；种植区域环境质量；投入品采购及使用（包括投入品通用名、商品名、厂家、登记证号、使用数量和使用方法）等。

7.1.3 收获信息

收获地块、收获面积、收获时间、收获数量、收获质量、收获后现场处理、运输、包装和储存等。

7.2 加工信息

7.2.1 收购信息

交售者及种植者、收购时间、收购地点、收购数量、收购标准、交收检验等。

7.2.2 原料入库信息

入库者、原料来源地点、入库时间、库房及其堆放编号、库房温度及湿度、库房卫生措施、领料者、出库时间和出库数量等。

7.2.3 清理信息

加工者、加工时间、加工生产线、风选、磁选、精选、毛麦仓编号、润麦用水水质等。

7.2.4 制粉信息

研磨、筛网孔径和分级等。

7.2.5 配粉信息

小麦粉库编号、配粉比例（含食品添加剂）等。

7.2.6 面条制作信息

面条专用粉、用水水质、食品添加剂和烘干条件等。

7.3 包装信息

责任人、包装环境条件、包装材料、规格、生产日期和批号等。

7.4 产品储藏信息

责任人、位置、日期、设施和环境条件等。

7.5 运输信息

责任人、运输工具、运输号、运输工具卫生状况、运输日期、起止位置和数量等。

7.6　销售信息

发货人、市场流向、分销商、零售商、进货时间和保存条件等。

7.7　产品检验信息

产品来源、检验日期、检测机构、产品标准、产品批次和检验结果等。

8　信息管理

8.1　信息存储

应建立信息管理制度。纸质记录应及时归档，电子记录应定期备份一次。所有信息档案应至少保存 2 年。

8.2　信息传输

上一环节操作结束时，应及时通过网络、纸质记录等形式传递给下一环节，企业、组织或机构汇总诸环节信息后传输到追溯系统。

8.3　信息查询

经相关法律法规规定，应向社会公开的质量安全信息均应可查询。内容应包括生产者、产品、产地、加工企业、批次、质量检验结果、产品标准等。

9　追溯标识

追溯标识按 NY/T 1761 的规定执行。

10　体系运行自查

按 NY/T 1761 的规定执行。

11　质量安全问题处置

按 NY/T 1761 的规定执行。

图书在版编目（CIP）数据

小麦粉及面条质量追溯实用技术手册 / 中国农垦经济发展中心组编；秦福增，韩学军主编 . —北京：中国农业出版社，2022.2

（"助力乡村振兴，引领质量兴农"系列丛书）

ISBN 978 - 7 - 109 - 29153 - 9

Ⅰ.①小⋯ Ⅱ.①中⋯ ②秦⋯ ③韩⋯ Ⅲ.①小麦粉－质量管理体系－中国－技术手册②面条－质量管理体系－中国－技术手册 Ⅳ.①F326.11 - 62

中国版本图书馆 CIP 数据核字（2022）第 030164 号

中国农业出版社出版

地址：北京市朝阳区麦子店街 18 号楼

邮编：100125

责任编辑：刘　伟　胡烨芳

版式设计：杜　然　责任校对：沙凯霖

印刷：北京中兴印刷有限公司

版次：2022 年 2 月第 1 版

印次：2022 年 2 月北京第 1 次印刷

发行：新华书店北京发行所

开本：700mm×1000mm　1/16

印张：11

字数：200 千字

定价：68.00 元